Bo Hanus

Digitale SAT-Anlagen selbst installieren

2. Auflage

FRANZIS

DO IT! BAND 8

Bo Hanus

Digitale SAT-Anlagen selbst installieren

2. Auflage

Leicht gemacht, Geld und Ärger gespart!

Mit 106 farbigen Abbildungen

Bibliografische Information der Deutschen Bibliothek

Die Deutsche Bibliothek verzeichnet diese Publikation in der Deutschen Nationalbibliografie; detaillierte Daten sind im Internet über **http://dnb.ddb.de** abrufbar.

Satz: DTP-Satz A. Kugge, München
art & design: www.ideehoch2.de
Druck: Legoprint S.p.A., Lavis (Italia)
Printed in Italy

ISBN 978-3-7723-**5578-3**

Vorwort

Wir haben dieses Buch in einem lockeren, erzählerischen Stil verfasst, sodass es sich wie ein Roman lesen lässt. Einen Roman sollte man jedoch schön gemütlich vom Anfang bis zum Ende durchlesen, da andernfalls die Zusammenhänge nicht nachvollziehbar sind und die ganze Geschichte keinen Sinn ergibt. Das gilt auch für dieses Buch. Sie werden angenehm überrascht sein, wie leicht verständlich alles ist, wenn es einfach erklärt wird.

Viel Spaß beim Lesen und viel Erfolg bei eigenhändig angepackten Aufgabenbewältigungen wünschen Ihnen

Bo Hanus und seine Co-Autorin (und Ehefrau) **Hannelore Hanus-Walther**

Inhaltsverzeichnis

1 Werkzeuge und Messinstrumente, die Sie brauchen können

1 Werkzeuge und Messinstrumente, die Sie brauchen können

Für die Installation einer Satelliten-Anlage bzw. für die Umrüstung einer bestehenden analogen Anlage auf den digitalen Empfang brauchen Sie nur wenige einfache Standard-Werkzeuge, die in den meisten Haushalten bereits vorrätig sind.

Es gibt keinen Zweifel daran, dass gutes Werkzeug Arbeit erleichtert. Es ermöglicht uns zudem, dass wir so manches Anliegen, für das ein anderer einen Handwerker braucht, selber meistern können und damit oft im Handumdrehen mehr Geld sparen, als ein gutes Werkzeug kostet.

Wie bei allen anderen Arbeiten handwerklicher Art, hängt auch hier die sinnvolle Werkzeugausstattung sowohl von dem Vorhaben als auch davon ab, wie oft und wie gerne Sie auch in der Zukunft etwas eigenhändig machen möchten. Um nur eine Sat-Anlage als solche zu installieren, werden nicht unbedingt alle der hier aufgeführten Werkzeuge benötigt. Wohl aber für diverse zusätzliche Arbeiten, die sich – abhängig von den Gegebenheiten – ergeben können. Sie finden in diesem Buch im Zusammenhang mit diversen einzelnen Vorhaben noch die jeweiligen „spezifischen" Auflistungen von Werkzeugen, die hier einzeln beschrieben werden:

Schraubendreher ① (altdeutsch „Schraubenzieher") gehören zu den Werkzeugen, von denen man eigentlich niemals zu viele haben kann. Es gibt sie in Standard-Ausführungen als Schlitz-Schraubendreher (für die traditionellen Schlitz-Schrauben), Kreuzkopf-Schraubendreher und Sechskant-Schraubendreher (als Alternative zu den „Inbusschlüsseln", die inzwischen auch als „Winkel-Schraubendreher" bezeichnet werden). Neben diesen drei Schraubendreher-Grundtypen gibt es auch diverse spezielle Klingenformen, wie Torx, Vielzahn, Innenvierkant usw. Die Anschaffung solch spezieller Schraubendreher dürfte jedoch nur dann erfolgen, wenn sich ein konkreter Bedarf ergibt.

Gabelschlüssel ②, **Gabel-/Ringschlüssel** ③ oder eine **Ratsche** mit passenden Steckschlüssel-Einsätzen ④ in Größen zwischen ca. 10 und 19 mm sind für manche Montagearbeiten bei der Befestigung eines Sat-Spiegels erforderlich.

Eine **Kombizange** ⑤ – bevorzugt mit isolierten Griffen – gehört zu den Universal-Werkzeugen, die in einem Haushalt nicht fehlen sollten. Für die meisten Arbeiten an der Elektroinstallation kommt eine Kombizange jedoch nur für gelegentliche Anwendungen zum Einsatz, wenn dem Heimwerker (oder dem „Profi-Elektriker") noch speziellere Zangen – wie Seitenschneider, Spitzzange und Abisolierzange – zur Verfügung stehen.

①

②

③

④
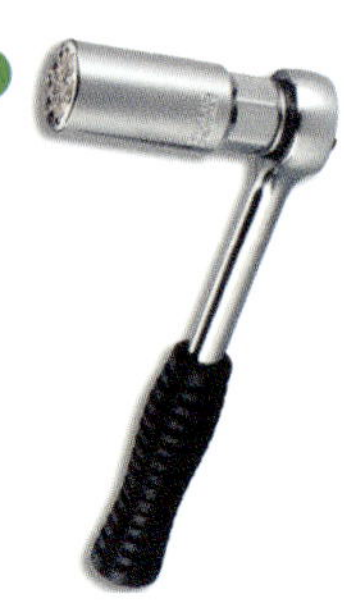

⑤

1 Werkzeuge und Messinstrumente, die Sie brauchen können

Eine **Flachrundzange** ① – mit ebenfalls isolierten Griffen – gehört zu der Standard-Werkzeugausstattung und kann sich bei vielen Arbeiten als sehr nützlich erweisen.

Ein kräftigerer **Seitenschneider** ② (eine „Zwickzange"), bevorzugt mit isolierten Griffen, ermöglicht u. a. ein bequemes und genaues Schneiden der elektrischen Leiter oder dünneren Kabel.

Für feinere Arbeiten, darunter auch für das Auf- und Zuschneiden von Koaxialkabeln, ihrer Ummantelung oder Abschirmung, kann ein zweiter kleiner (und scharfer) **Elektronik-Seitenschneider** ③ so manches Anliegen sehr erleichtern.

Ein **Kabelmesser** ④ oder einfach ein stabiles scharfes und spitzes Messer kommt vor allem bei der Arbeit mit Kabeln (beim sogenannten „Entmanteln" des Kabels) zum Einsatz.

Eine **Eisensäge** ⑤ wird z. B. zum Schneiden von Alu- oder Kupferleitern der Blitzableitung benötigt. Sie gehört zu der Standardausrüstung eines jeden Heimwerkers. Am besten arbeitet es sich mit einer Eisensäge, deren Handgriff so ausgeführt ist, wie bei dieser Abbildung. Sägen mit runden Handgriffen, die ähnlich ausgeführt sind wie z. B. Handgriffe von Feilen, sitzen nicht so gut in der Hand. Das erschwert vor allem einem Ungeübten die Schnittführung.

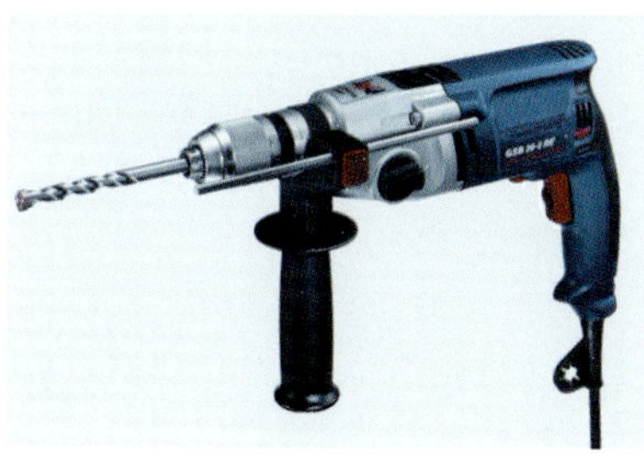

Eine kräftigere **Schlagbohrmaschine** (mit einer Leistung ab ca. 800 Watt) kommt zum Einsatz, wenn für die Befestigung des Sat-Spiegels Bohrungen für die Dübel in die Mauer gebohrt werden müssen, oder wenn das Antennenkabel einen Mauer-Durchgang benötigt.

Kleinere **Stein- oder Betonbohrer** ⑥ (Durchmesser ca. ∅ 4, 6, 8, 10 und 12 mm) werden vor allem für Wanddübel-Bohrungen und für das Vorbohren des Mauer-Durchgangs benötigt (falls dies erforderlich ist). Für Mauer-Durchgänge gibt es lange **Stein- oder Betonbohrer,** deren Durchmesser auf den Außendurchmesser des Antennenkabels (= ca. ∅ 8 mm) und die Bohrer-Länge auf die baulichen Gegebenheiten abgestimmt wird.

Wenn Sie mehrere Unterputzdosen für Antennenanschlüsse neu installieren möchten, sollten Sie sich zu diesem Zweck eine spezielle **Schlagbohrkrone** anschaffen.

①

②

③

④
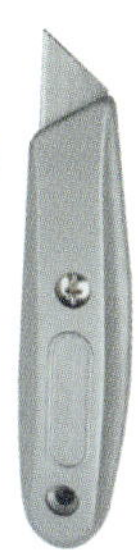

⑤
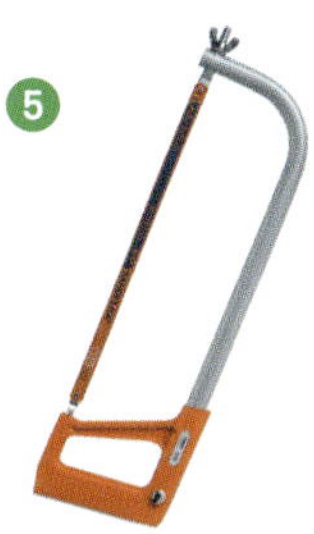

⑥
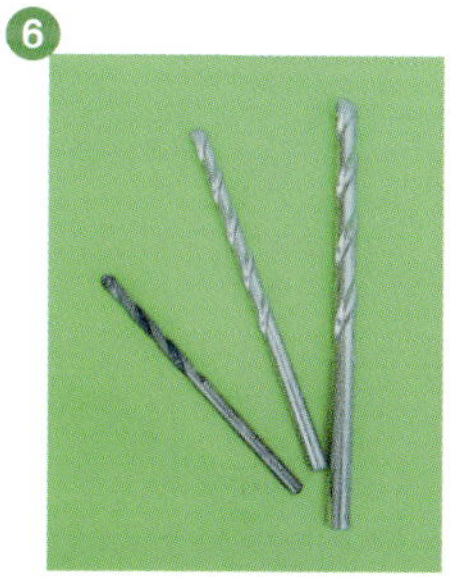

1 Werkzeuge und Messinstrumente, die Sie brauchen können

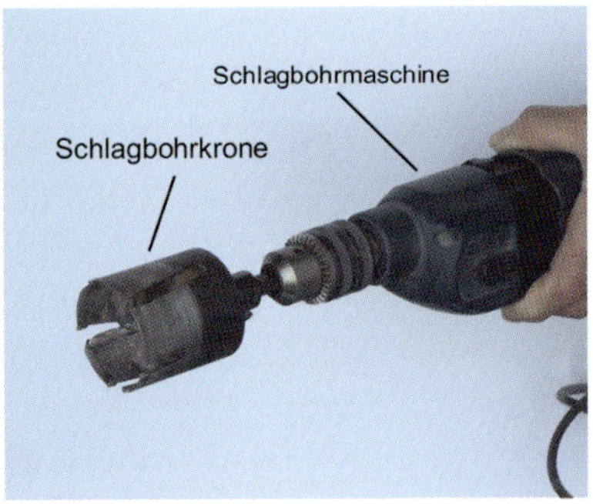

Sie wird – ähnlich wie ein Bohrer – in eine Schlagbohrmaschine eingesetzt und fräst die erforderlichen Löcher für Unterputzdosen (von ca. Ø 65 mm) relativ schnell und bequem aus, allerdings um den Preis, dass dabei eine kräftige Staubentwicklung entsteht, die eigentlich nur in einem Rohbau oder bei aufwändigen Renovierungsarbeiten in Kauf genommen werden dürfte. Andernfalls sollte auf die Anwendung einer Schlagbohrkrone verzichtet werden.

Meißel braucht man nur, wenn z. B. in die Wand gestemmt werden muss, um eine Unterputz-Gerätedose oder ein Leitungsrohr für das Antennenkabel zu verlegen. Für grobe Arbeiten eignet sich am besten ein Flachmeißel mit einem Gummischutz, der die Hand vor fehlgeleiteten Schlägen schützt (oben abgebildet). Für feinere Arbeiten ist ein feiner Flachmeißel mit einer Klingenbreite von ca. 8 bis 10 mm zu empfehlen.

Zum Flachmeißel gehört selbstverständlich auch ein **Hammer** ❶, dessen Größe und Gewicht sowohl auf die Größe des Meißels als auch auf die Körperkraft des Anwenders abgestimmt werden sollten.

Richtiges Messen erleichtert die Arbeit und schützt vor Fehlern. Ein **Messschieber** ❷ (Schieblehre) ermöglicht z. B. ein genaues Messen des Durchmessers diverser Leiter, Kabel und Bauteile. Einfachere Messschieber herkömmlicher Bauart sind preiswert, aber das Ablesen des Messwertes ist hier „gewöhnungsbedürftig“. **Messschieber mit Digitalanzeige** ❸ zeigen das ermittelte Maß eindeutig an, sind gelegentlich auch als „Schnäppchen“ kostengünstig erhältlich.

Ein **Maßband** ❹ ist nur für „gröberes“ Messen geeignet.

❶

❷
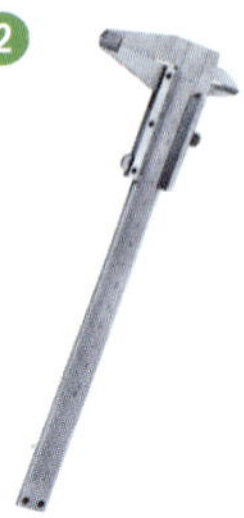

❸
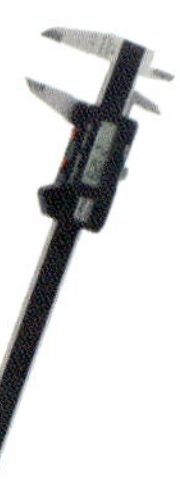

❹
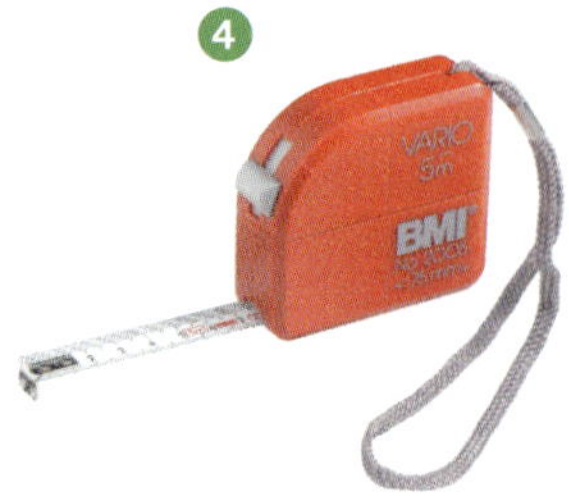

1 Werkzeuge und Messinstrumente, die Sie brauchen können

Eine **Wasserwaage** (1) braucht man vor allem bei Arbeiten, die an der Wand ausgeführt werden.

Schnelle Erkennung von elektrischer Netz-Wechselspannung ermöglichen diverse kleine **Phasenprüfer (Spannungsprüfer)** (2). Einfachere Phasenprüfer sind als kleine Schraubendreher ausgeführt und zeigen das Vorhandensein einer Wechselspannung (der Phase) nur optisch durch Aufleuchten eines Neonlämpchens in ihrem Griff an. Phasenprüfer gehobener Preisklassen zeigen eine Spannung sogar durch die Ummantelung eines Kabels an. Für die eigentliche Installation einer Sat-Anlage ist zwar ein Phasen- oder Spannungsprüfer nicht erforderlich, wohl aber z. B. für eine gelegentliche Kontrolle der Anwesenheit einer Netzspannung in einer Steckdose oder in einem Geräte-Zuleitungskabel.

Leitungs-Metallsuchgeräte oder **Leitungs-Metall-Balkensuchgeräte** spüren verborgene Leitungen bzw. auch Balken in der Wand oder in der Decke auf und signalisieren den „Fund" (die Position) entweder optisch oder akustisch. Sie zeigen an, wo (und wohin) z. B. eine elektrische Leitung in der Wand läuft, wo sich in einer Holz- oder Gipskarton-Decke die Holzbalken oder Verstrebungen befinden. Empfindliche Metallsuchgeräte zeigen zudem an, wo z. B. in einer Betondecke die Armierungs-Betoneisenstäbe verlaufen. Das hier abgebildete Gerät zeigt wahlweise elektrische Leitungen und Metallgegenstände oder auch Balken und Holzverstrebungen an. Manche solcher Ortungsgeräte sind jedoch oft nur als Leitungssuchgeräte oder Balkenfinder ausgelegt – worauf beim Kauf zu achten ist.

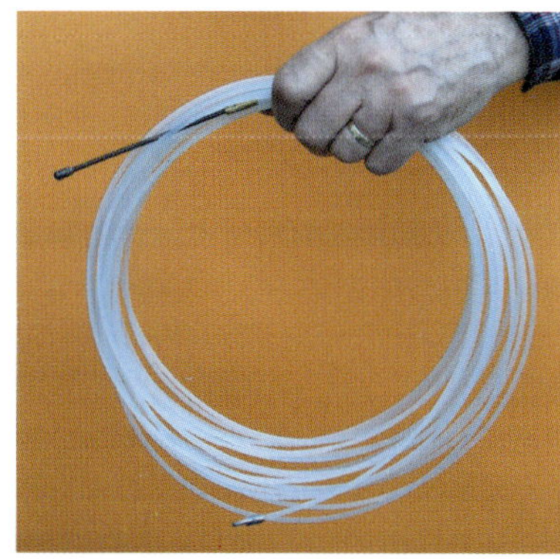

Elektriker-Einziehfedern sind wahlweise als Nylon- oder Stahlfeder erhältlich. Im Zusammenhang mit unserem Buchthema finden sie ihre Anwendung nur dann,

(1)

(2)

1 Werkzeuge und Messinstrumente, die Sie brauchen können

wenn Antennen-Koaxialkabel in längere Installations-Rohrleitungen eingezogen werden müssen, die mit mehreren Bögen verlegt wurden.

Für das Eingipsen von Unterputz-Dosen genügt meist nur ein kleiner **Spachtel.**

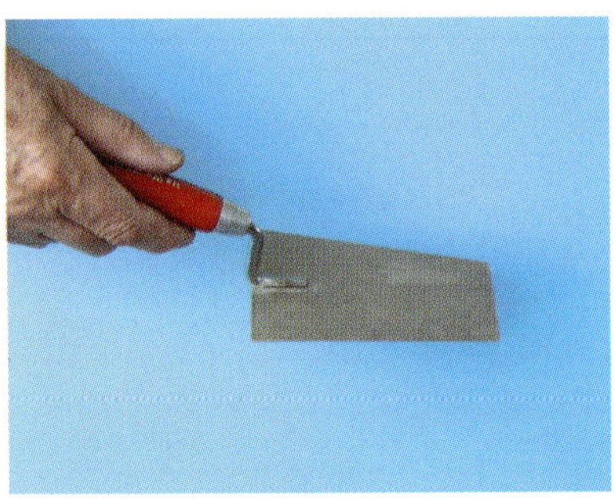

Für das Verputzen von Unterputz-Antennen-Leitungsrohren eignen sich am besten kleine Kellen und „Japan-Spachtel".

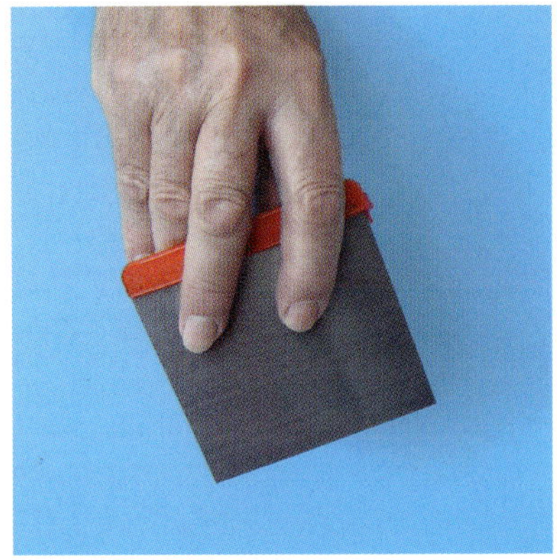

Neben den hier aufgeführten Werkzeugen gibt es ein großes Angebot an verschiedensten Universal- oder Spezialwerkzeugen, die Ihnen unter Umständen die Arbeit erleichtern können oder mit denen das Arbeiten richtig Spaß macht.

Wenn Sie zu denen gehören, die gerne alles selber machen möchten, aber nicht immer genau wissen, wie und womit etwas am besten gemacht werden kann, fragen Sie einfach bei den Fachverkäufern in Märkten oder im Fachhandel. Sie erhalten oft viele praktische Tipps, die Ihnen unnötiges Grübeln und Kopfzerbrechen ersparen können.

Fallen Sie aber bitte bei der Anschaffung von Werkzeugen nicht unkritisch auf Empfehlungen herein, mit denen Ihnen eventuell ein Verkäufer relativ überteuerte Produkte schmackhaft zu machen versucht, bei denen der hohe Preis nur auf hohe Gewinnspannen zurückzuführen ist. Sehen Sie sich vorher immer erst um, was vergleichbare Werkzeuge oder Materialien anderswo kosten, wenn Ihr Einkommen nicht derart hoch ist, dass Sie sich aus reinem Spaß an der Freude bedenkenlos immer nur das Teuerste anschaffen möchten.

2 Weshalb digital?

2 Weshalb digital?

Gegenüber der analogen Ton- und Bildbearbeitung bietet die digitale Technik sehr viele Vorteile: Die Bearbeitung, Übertragung und Speicherung von Klängen und Bildern ist sehr einfach und relativ störungsunempfindlich.

Wer bereits eine digitale Fotokamera besitzt und seine Fotos auf einem PC sortiert, zuschneidet oder anderweitig bearbeitet, der hat an dieser Technik viel Freude. Die Fotos lassen sich beliebig oft speichern, laden, vergrößern, verkleinern, drehen, kopieren oder auch Pixel für Pixel retuschieren, ohne dass unter dem ganzen „Hin und Her" die Qualität der Aufnahme leidet. Das war bei der Bearbeitung der herkömmlichen Fotos auf einem Filmstreifen (als Repräsentanten der analogen Technik) nicht vergleichbar einfach machbar.

Worum es sich bei den digitalen Techniken konkret handelt, ist den meisten Menschen verständlicherweise nicht ganz deutlich. Am einfachsten lässt sich der Unterschied anhand eines gespeicherten Tons erklären:

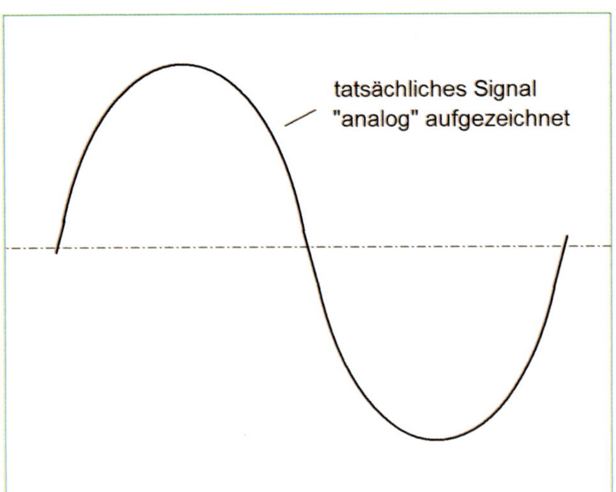

Ein Ton verbreitet sich in der Luft in Form von Schwingungen, die uns bereits der Lehrer in der Schule mit dem Verhalten einer Wasserfläche erklärt hat: Wirfst du einen Stein in den Weiher, bilden sich um die „Aufprall-Stelle" ringförmige Wellen, die sich vom Mittelpunkt in alle Richtungen ausbreiten usw. So weit brauchen wir aber mit der Aufklärung nicht zu gehen. Es genügt, wenn wir uns eine solche Welle auf ein Blatt Papier zeichnen – wie links unten abgebildet.

In dieser exakten Form kann die Klangwelle auch analog gespeichert werden (z. B. auf ein Audio-Band).

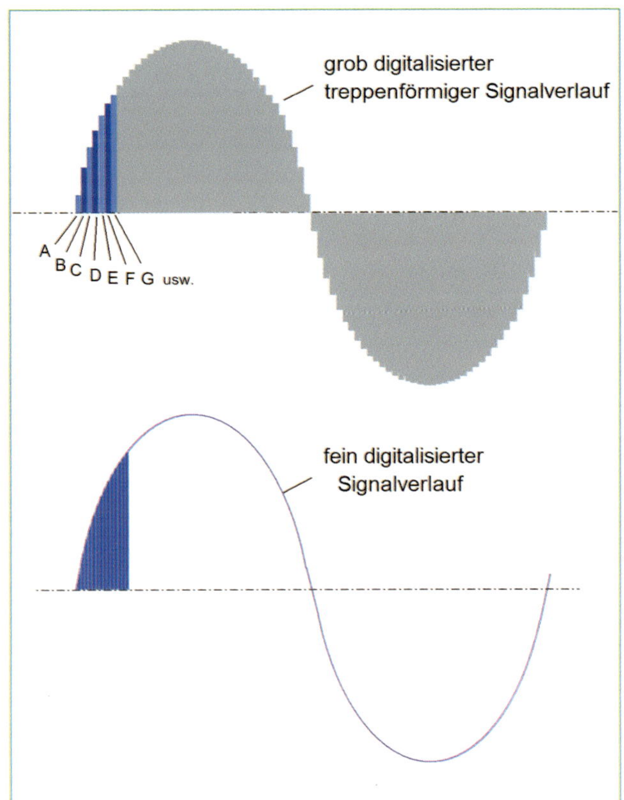

2 Weshalb digital?

Wir können aber eine solche Welle auch digitalisieren und in Form von einzelnen „Balken" – wie auf Seite 14 rechts unten abgebildet – digital speichern:

Die in der oberen Zeichnung farbig abgestuften Balken **A** bis **G** dienen nur der Veranschaulichung der Zusammensetzung eines solchen Klangbildes. In der technischen Praxis werden solche Balken nicht ausgesprochen als Rechtecke, sondern als Daten (Zahlen) gespeichert bzw. als nacheinander folgende Spannungs-Größen (Spannungs-Werte) übertragen.

Das Größenverhältnis einzelner „Balken" bestimmt in unserem Beispiel die Form – oder wenn man so will – die Silhouette einer Form. Das kann die Form eines Klanges, aber z. B. auch die Form eines Hauses sein. Man kann sich anhand dieses Beispiels leicht vorstellen, dass sich mit dieser Methode z. B. eine solche Form auch nur mit Hilfe von Zahlenreihen registrieren oder versenden lässt. Die einzelnen Zahlen können sich z. B. nur auf die Höhe der einzelnen Balken beziehen. Da diese „Balken" eine einheitliche Breite haben, ergibt sich aus der Vorgabe des Rasters (der Frequenz) ein relativ exaktes Bild, dass in diesem Fall den Verlauf eines Klanges oder der Silhouette eines Objektes darstellt.

Das Relative an solcher Darstellung ist die Feinheit des Rasters (die Auflösung), die die Breite einzelner Balken bzw. Striche bestimmt. Wir haben in unserem oben dargestellten Beispiel ein relativ grobes Raster der Digitalisierung (relativ breite Balken) gewählt, wodurch der Signalverlauf ziemlich „ungehobelt" treppenförmig ausgefallen ist. Das Beispiel darunter zeigt eine feinere Digitalisierung mit einer höheren Auflösung. Je höher die Auflösung ist, desto glatter bzw. feinkörniger wird der digitalisierte Ton oder das digitalisierte Bild.

Wird ein Klang aus Kostengründen zu grob digitalisiert, klingt er unnatürlich scharf. Das kennen wir z. B. von sprechenden oder musizierenden Spielzeugen, von billigen elektronischen Tür-Gongs oder von primitiv digitalisierten Handy-Melodien.

Ein zu grob digitalisiertes Bild ist ebenfalls grobkörnig, wenn es sich aus zu großen Bildpunkten (Pixeln) zusammensetzt. An Beispielen von grober Digitalisierung fehlt es bei diversen Spielzeugen, Handys oder anderen Gebrauchsgütern nicht. Abb. 2.1 verdeutlicht den Unterschied zwischen feiner und grober Digitalisierung (Auflösung). Abb. 2.2 zeigt am Beispiel eines Bildausschnitts die Anordnung und Form der Pixel, aus denen sich ein digitalisiertes Bild zusammensetzt. Wenn Sie sich z. B. aus einer sehr kleinen Entfernung die „laufenden" Bilder an Ihrem Fernseher ansehen, werden sie da ähnliche Pixel wahrnehmen können – was jedoch bei einem Bildröhren-Fernseher durch das Flimmern etwas weniger auffällt als bei einem Plasma- oder LCD-Fernseher.

Vom geometrischen Standpunkt aus betrachtet, dürfte man prinzipiell davon ausgehen, dass auch ein sehr gut digitalisiertes Signal (Klang oder Bild) das Analog-Signal eigentlich nicht übertreffen kann. Das stimmt. Allerdings nur in Hinsicht auf die eigentliche grafische Darstellung. Wenn jedoch ein Audio- oder Video-Signal elektronisch verarbeitet bzw. gesendet und empfangen wird, unterliegt es vielen Verzerrungen und Störungseinflüssen, gegen die digitale Aufzeichnungen und Übertragungen ziemlich unempfindlich sind. Dies ist der Hauptgrund dafür, dass bei dem heutigen Stand der Technik die digitale Ton- und Videoverarbeitung – darunter auch das digitale Fernsehen – als die zukunftsorientiert vorteilhaftere Technik angesehen wird.

Wer zu Hause Analog-Geräte hat, die sehr zufriedenstellend oder sogar hervorragend funktionieren, der wird kaum ein Bedürfnis ver-

2 Weshalb digital?

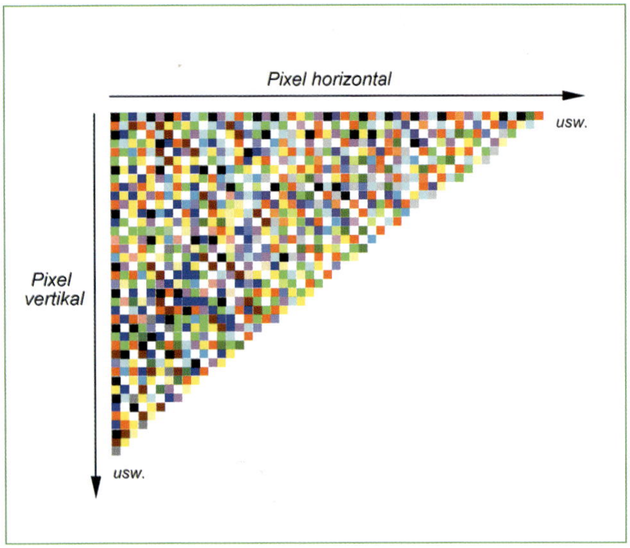

Abb. 2.1: Oben: Jedes digitalisierte Bild setzt sich aus einzelnen bunten Pixeln zusammen, deren Anzahl für die Qualität der Auflösung bestimmend ist; unten links: Ein fein digitalisiertes Bild (hohe Auflösung); unten rechts: ein zu grob digitalisiertes Bild (niedrige Auslösung).

Abb. 2.2: Jedes digitalisierte Bild kann so vergrößert werden, dass die einzelnen Farbpixel sichtbar werden.

spüren, seinen bestehenden „Gerätepark" schnell durch modernere Geräte zu ersetzen, um nichts zu versäumen. Versäumt wird in Wirklichkeit ohnehin gar nichts. Im Gegenteil: Auf dem Gebiet der digitalen Techniken und Geräte steckt vieles noch ziemlich in den Kinderschuhen und vieles ist zudem noch nicht endgültig gelöst. Je länger man warten kann, umso preiswerter und besser werden die Geräte. Vielleicht gelingt auch das Wunder, und die Bedienung der Geräte wird eines Tages einheitlicher und anwendungsfreundlicher konzipiert.

Die Anzahl der Bildpunkte, aus denen sich heutzutage das Bild auf dem Bildschirm eines Fernsehers zusammensetzt, hängt sowohl von der Art des Fernsehsignals – bzw. des Speicher-Mediums (Festplatte, Diskette, Kassette usw.) – als auch von der maximal erzielbaren Auflösung des Bildschirms ab.

Bei einem herkömmlichen **analogen Empfang** besteht die Auflösung am Bildschirm eines Röhren-Fernsehers annähernd aus 768 Zeilen mal 576 Pixeln. Das ergibt **442.368 Pixel** (= ca. **0,442 Megapixel**). Ist der Sat-Empfang perfekt und der Bildschirm in Hinsicht auf den Beobachtungsabstand nicht zu groß, kann das Bild vor allem bei 100-Hz-Fernsehern als „ziemlich gut" bezeichnet werden (Abb. 2.3 oben). Die subjektiv wahrnehmbare Bildqualität hängt hier allerdings von dem Beobachtungsabstand und von der Bildschirmgröße ab.

Das **momentan ausgestrahlte „einfache" Digitalfernsehen mit niedriger Auflösung**, das – abgesehen von den stolzen monatlichen Fernsehgebühren – nicht zusätzlich noch kostenpflichtig ist, beruht ebenfalls nur auf einer Auflösung von **1.024 x 576 Pixeln**. Das ergibt

Abb. 2.3: Die Bildqualität steigt mit der Auflösung (was bei kleinen Bildformaten weniger auffällt).

(theoretisch) **589.824 Pixel** (= ca. **0,59 Megapixel**). Die Bildqualität ist durch die digitale Bildverarbeitung bei einer analogen Wiedergabe über Röhren-Fernseher nicht besser als bei analogen Sendungen. Die Pixelzahl wird bei den herkömmlichen Analog-Fernsehern (Röhren-Fernsehern) auf ihre niedrigere Auflösung „elektronisch herabgerechnet", wodurch die Bildqualität – im Vergleich mit der Bildqualität eines rein analogen Receivers – oft etwas in Mitleidenschaft gezogen wird. Erheblich besser ist die Bildqualität bei „echten" digitalen Fernsehern, die als „HD ready" bezeichnet werden und in diesem Fall „mehr oder weniger" die vollen ca. 0,59 Megapixel bei der Bildwiedergabe auf den LCD- oder Plasma-Bildschirmen nutzen. Bei einigen Fernsehern wird zudem mit diversen elektronischen „Tricks" die Bildschärfe etwas prägnanter hervorgehoben (Abb. 2.3 Mitte).

Eine erheblich bessere Bildqualität bietet das **hochauflösende Fernsehen** (Full-HD-Fernsehen) bzw. die hochauflösend gespeicherten HDTV-Programme (darunter auch Filme auf DVDs und anderen Datenträgern), deren Bildsignale mit einer Auflösung

von **1280 x 720 Pixeln** (= ca. **0,922 Megapixel**) oder alternativ von **1920 x 1080 Pixeln** (= ca. **2,07 Megapixel**) verarbeitet und gesendet werden (Abb. 2.3 unten). HD steht für die englische Bezeichnung „High Definition".

Abb. 2.3 oben: Das analog wiedergegebene Bild eines herkömmlichen Röhren-Fernsehers ist vor allem bei einer größeren Bilddiagonale und einem kleineren Beobachtungsabstand noch ziemlich grobkörnig.

Abb. 2.3 Mitte: Ein digital wiedergegebenes Bild wird auch bei einer niedrigeren Bildauflösung etwas prägnanter und feinkörniger als das vorhergehende analog wiedergegebene Bild – allerdings nur bei einem digitalen Fernseher, der die ihm angebotene digitale Auflösung auch 1:1 verarbeiten kann. Bei einem herkömmlichen Röhren-Fernseher (darunter auch bei einem 100-Hz-Fernseher), der für eine Auflösung von ca. 0,44 Megapixel konzipiert ist, wird es bei der Wiedergabe von digitalen Programmen nicht wahrnehmbar besser bzw. sogar etwas schlechter als bei einem rein analogen System. Die Ursache liegt darin, dass die digitalen Signale (die Zahl der Pixel bzw. Zeilen) im Receiver für den Röhren-Fernseher elektronisch „heruntergerechnet" werden müssen.

Abb. 2.3 unten links: Ein guter HDTV-Fernseher bietet eine hervorragende Bildqualität, die vor allem bei größeren Bildschirmformaten und kleineren Beobachtungsabständen eindrucksvoll ist.

Abb. 2.3 unten rechts: Fernseher mit LCD- und Plasma-Bildschirmen werden – im Gegensatz zu den herkömmlichen Bildröhren-Fernsehern – mit unterschiedlichen Auflösungen (d. h. mit unterschiedlicher Pixelanzahl) hergestellt, von denen die maximal erzielbare Bildqualität abhängt. Beim Kauf dieser Geräte sollte daher auf die in den Prospekten angegebene Auflösung (von z. B. „1366 x 768" oder „1920 x 1080" Pixel) geachtet werden. Geräte, die gegenwärtig bereits über eine Auslösung von 1920 x 1080 Pixeln verfügen, werden als **Full-HD-Geräte** bezeichnet.

Die Vorteile einer höheren Auflösung (höhere Pixelzahl) machen sich vor allem bei großflächiger Bildwiedergabe bemerkbar. Bei Videoprojektoren (Beamern) ist eine hohe Bildauflösung ein „Muss", da andernfalls das Bild durch die Vergrößerung viel zu grobkörnig wirkt. Genau genommen bietet auch hier eine Full-HD-Auflösung von 1920 x 1080 Pixeln (2,07 Megapixel) ein gutes Bild nur bei kleineren Leinwänden mit einer Diagonale von maximal ca. 1,5 m und einem Beobachtungsabstand von mindestens ca. 3 m. Bei einer größeren Leinwand wird beim vergleichbaren Beobachtungsabstand das Bild bei dieser immer noch zu niedrigen Auflösung zu grobkörnig.

Eines dürfte in diesem Zusammenhang noch klar gestellt werden: Sie können an eine „digitale" Sat-Antenne, die über einen „Universal-LNB" verfügt, problemlos Ihren analogen Receiver und Ihren „guten alten" Röhren-Fernseher

Bemerkung

Die vorhergehenden Beispiele zu der Abhängigkeit der Bildqualität von der Pixelzahl dienen nur als eine Zwischeninformation, die Ihnen den Durchblick durch weitere Themen erleichtert. Einen besseren Überblick über den jeweiligen Stand der Technik – und seinen praktischen Stellenwert – verschaffen Sie sich durch einige Besuche beim Fachhandel und Besichtigungen der Geräte. Der Slogan „Sehen ist Glauben" trifft hier jedoch nur bedingt zu, denn es werden Ihnen meistens nur „verkaufsfördernd betriebene" Geräte und Filme vorgeführt, die möglicherweise aus dem Rahmen Ihrer Pläne (und Ihres Bankguthabens) fallen.

anschließen und in aller Ruhe weitere Entwicklungen abwarten.

Die Entwicklungen schreiten bekanntlich sehr schnell voran und es wird auch in der Zukunft nie das Stadium einer „endgültigen Vollendung" geben. Im Gegenteil: Die Entwicklungen werden sich in rasendem Tempo ständig weiter fortsetzen. Ein gutes Beispiel für diesen Trend zeigen uns die Computer: Der PC, den Sie heute kaufen, war eigentlich schon vor längerer Zeit veraltet. Die etwas neueren Geräte sind momentan irgendwo im Indischen Ozean zu uns unterwegs. Die noch moderneren PCs verlassen bereits die Fertigungshallen in Asien und werden in Container geladen, aber sie waren eigentlich in Hinsicht auf den tatsächlichen Stand der Technik schon in dem Moment veraltet, als das erste Gerät der Serie die Fabrik verlassen hat.

Auch wenn es absolut keinen Grund dafür gibt, Angst zu haben, dass Sie etwas versäumen könnten: Wenn Ihnen heute beispielsweise ihr „guter alter" Analog-Satelliten-Receiver die weitere Zusammenarbeit verweigert, ist möglichst umgehend ein neues Gerät fällig. In dem Fall werden Sie plötzlich mit der Frage konfrontiert, wie es mit der zukunftsorientierten Gestaltung Ihrer Geräte der Unterhaltungselektronik weitergehen soll und ob Sie in Hinsicht darauf eventuell gleich einen digitalen Satelliten-Receiver

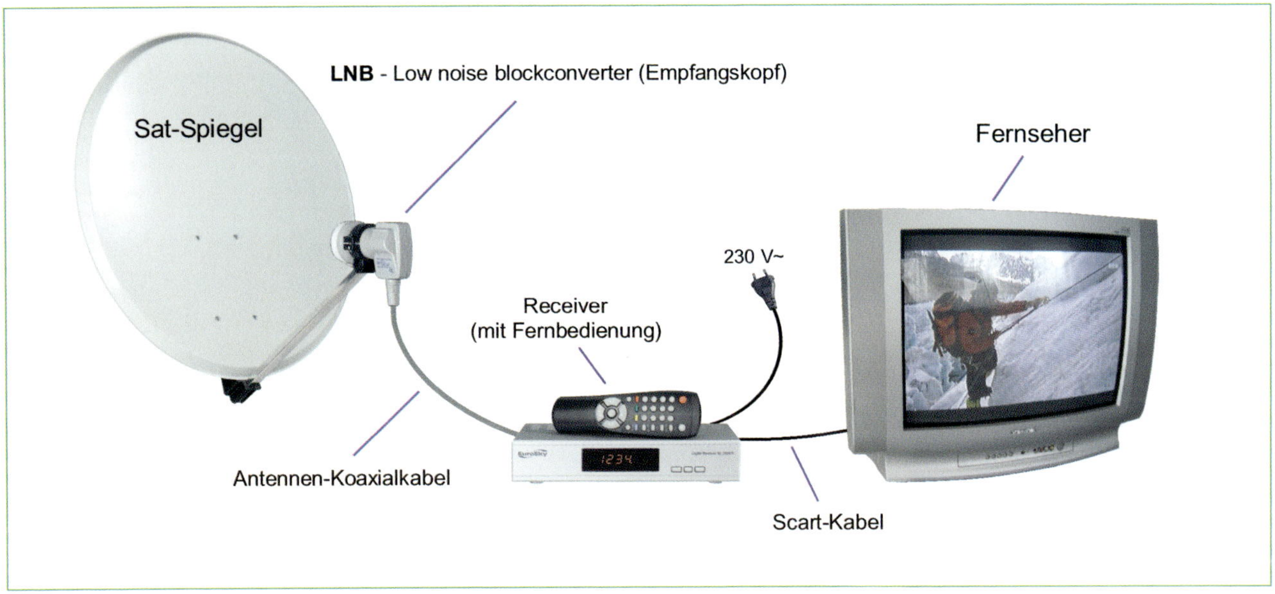

Abb. 2.4: Grundkonfiguration einer einfachen Satelliten-Anlage

2 Weshalb digital?

kaufen sollten. Und wenn ja, welchen? Und wie ist es dann mit dem weiteren Zubehör? Dasselbe trifft zu, wenn Sie eine neue Sat-Anlage errichten möchten (oder errichten lassen möchten).

Wir helfen Ihnen nun mit einigen leicht begreiflichen und objektiven Auskünften weiter. Angefangen dürfte damit werden, dass die meisten Sender in der Bundesrepublik Deutschland über die Satelliten momentan immer noch sowohl digital als auch analog senden. Die Anzahl der analog ausgestrahlten Fernsehprogramme wird jedoch voraussichtlich in den nächsten Jahren ziemlich schnell schrumpfen und eines Tages wird es nur noch digital ausgestrahlte Fernsehprogramme geben. Im Zusammenhang mit dem digitalen Fernsehen kommen auf uns ganz neue Probleme zu, die wir aus dem analogen Fernsehen nicht kannten bzw. mit denen wir uns nicht auseinanderzusetzen brauchten:

Analog ausgestrahlte Fernsehprogramme bzw. analoge Videoaufnahmen beruhten ursprünglich auf einer einheitlichen Auflösung und man brauchte daher bei der Wahl der einzelnen Geräte nicht darauf zu achten, für welche Art der Auflösung sie taugten bzw. für welche Art der Auflösung sie vorgesehen waren. Wir konnten zwar bei der Anschaffung der einzelnen Geräte zwischen Geräten verschiedener Preisklassen wählen, aber alles passte problemlos zusammen und konnte nach Belieben ohne fachliche Vorselektion problemlos erneuert oder nachgerüstet werden. Und es wurden um die dazugehörenden Geräte keine geschwollenen Sprüche gerissen und keine Abkürzungen verwendet, die ein normaler Anwender nicht bereit ist zu lernen oder in seinem Gehirn zu speichern. Wozu auch? Das Fernsehen soll ja hauptsächlich der Unterhaltung dienen und ein normaler Mensch pfeift auf irgendwelchen komplizierten Schnickschnack, der nur für eine winzige Minderheit interessant ist, die an der Apparatur ähnlich wie an einer Modelleisenbahn herumdoktern will.

Bei der Anschaffung einer herkömmlichen analogen Sat-Anlage mit allen benötigten Bausteinen durfte uns noch der ganze technische Hintergrund sowie auch die ganze Fachterminologie genau so schnuppe sein wie der technische Hintergrund der Herstellung einer Zahnbürste. Und das war gut so, denn ein „Gebrauchsgut" ist dazu da, dass es quasi als ein Werkzeug möglichst unkompliziert verwendet wird.

Mit dieser Philosophie ist es beim digitalen Fernsehen und bei der Anwendung von sogenannten „digitalen Speichermedien" leider aus: Es gibt ein „herkömmliches" digitales Fernsehen mit niedriger Bildauflösung (mit wenigen Bildpunkten = mit einem groben Raster) und es gibt ein hochauflösendes Fernsehen (Full HD), das zwar eine hohe oder „sehr hohe" Auflösung haben kann, aber nicht unbedingt haben muss bzw. in der Zukunft eine noch höhere Auflösung haben könnte bzw. bestimmt eines Tages haben wird et cetera, et cetera, et cetera.

Das alles klingt meist viel zu schleierhaft und irreführend. Dazu kommt auch das aktuelle Problem der „Datenträger", die sich in der Zukunft durchsetzen werden. Die „guten alten" Videobänder (und VHS-Rekorder) haben zwar langsam ausgedient, aber mit dem Nachfolger ist es noch nicht definitiv geklärt. Als zwei Kandidaten bewerben sich momentan um die Gunst der Kunden die HD-DVD- und die Blu-ray-Systeme. Welches dieser zwei Systeme gewinnt, steht immer noch in den Sternen. Die Blu-ray-Scheiben haben eine um ca. 40 % größere Speicherkapazität und die meisten Hersteller sowie auch Filmfirmen bevorzugen momentan dieses Format. So könnte z. B. die Anschaffung eines HD-DVD-Rekorders zu einem kostspieligen Fehlgriff werden – was jedoch mit der eigentlichen Errichtung einer „zukunftsorientierten" Sat-Anlage nichts zu tun hat. Es sei denn, es wird Ihnen ein HD-Receiver angeboten, in dem ein HD-DVD-Rekorder eingebaut ist.

Um eine perfekte „digitale" Sat-Anlage eigenhändig errichten zu können, sind zum Glück nur einige wenige Bausteine und auch nur sehr bescheidene Fachkenntnisse erforderlich. Man braucht bloß bei der Aufklärung alle die geschwollenen Sprüche und unverständlichen Abkürzungen wegzulassen oder mit verständlichen Bezeichnungen zu ersetzen und schon ist das ganze Anliegen einfach und deutlich. Da jedoch auch hier sozusagen viele Wege nach Rom führen, müssen wir Sie möglichst vollständig darüber informieren, was es auf diesem Gebiet alles gibt und wozu das eine oder das andere auch gut sein kann. Dadurch nehmen die Aufklärungen einen etwas größeren Seitenumfang in Anspruch, aber Sie werden sehen: Es lohnt sich, wenn man sich über die ganze Problematik in einem nützlichen Rahmen schlau macht.

Kleine Schritte oder große Sprünge?

Die Umrüstung einer bestehenden analogen Sat-Anlage auf eine digitale Sat-Anlage, sowie auch eine Neuerrichtung, kann wahlweise in kleineren (und preiswerten) Schritten oder auch in größeren Sprüngen erfolgen.

Wer bereits eine herkömmliche Sat-Anlage betreibt, die für den Empfang von Analog-Fernsehen ausgelegt ist, der wird früher oder später zumindest den bestehenden analogen LNB (aus dem englischen Low-noise block bzw. Low-noise blockconverter) – der manchmal auch als Empfangskopf oder Speisesystem bezeichnet wird – durch einen digital-tauglichen LNB ersetzen müssen.

Ein „digital-tauglicher" universaler LNB (oft abgekürzt auf „Uni-LNB") ist in einfacherer Ausführung (als Single-Uni-LNB) nicht teuer. Auch der einfache digitale Receiver (für das herkömmliche digitale Fernsehen) ist in letzter Zeit sehr preiswert geworden und kann daher „eines Tages" anstelle des bestehenden Analog-Receivers an den LNB angeschlossen werden.

Ein universaler LNB („Uni-LNB") kann sowohl analog als auch digital ausgestrahlte Programme empfangen. Dieser kleine Baustein ist meistens baugleich mit dem analogen LNB und kann leicht an seine Stelle in die dafür vorgesehene Klemme am bestehenden Sat-Spiegel montiert werden (Siehe hierzu Kapitel 3.6 „Der

LNB"). Diese Umrüstung ist nicht viel schwieriger, als das Auswechseln einer Glühbirne und erfordert keine zusätzlichen Einstellungen am Receiver oder am Fernseher: Der neue LNB wird in die Montageklemme am Sat-Spiegel festgeschraubt, der Stecker des Antennen-Koaxialkabels wird an ihn angeschraubt und das Ganze ist damit erledigt.

Und wie geht's weiter? Das dürfen Sie selber bestimmen: Wenn Sie beispielsweise vorerst nur einen defekten Analog-LNB durch einen neuen LNB ersetzen müssen, werden Sie in Ihren Sat-Spiegel selbstverständlich einen Universal-LNB (Uni-LNB) einsetzen, der sowohl für den Empfang von analogen als auch von digitalen Signalen geeignet ist. Eine solche Umrüstung fällt unter Umständen in die Rubrik „mit zehn Euro sind Sie dabei". An den restlichen Geräten des „alten" (analogen) Geräteparks in Ihrem Wohnraum brauchen Sie nichts zu ändern und nichts neu einzustellen. Alles kann nach Abb. 2.5 beim Alten bleiben – und weiter geht's mit dem analogen Fernsehempfang, wenn man es vorerst dabei belassen will.

Möchten Sie jedoch gleich auf das digitale Fernsehen umsteigen, haben Sie die Wahl zwischen zwei „neuen Wegen":

Geben Sie sich vorerst mit dem Empfang von herkömmlichem,

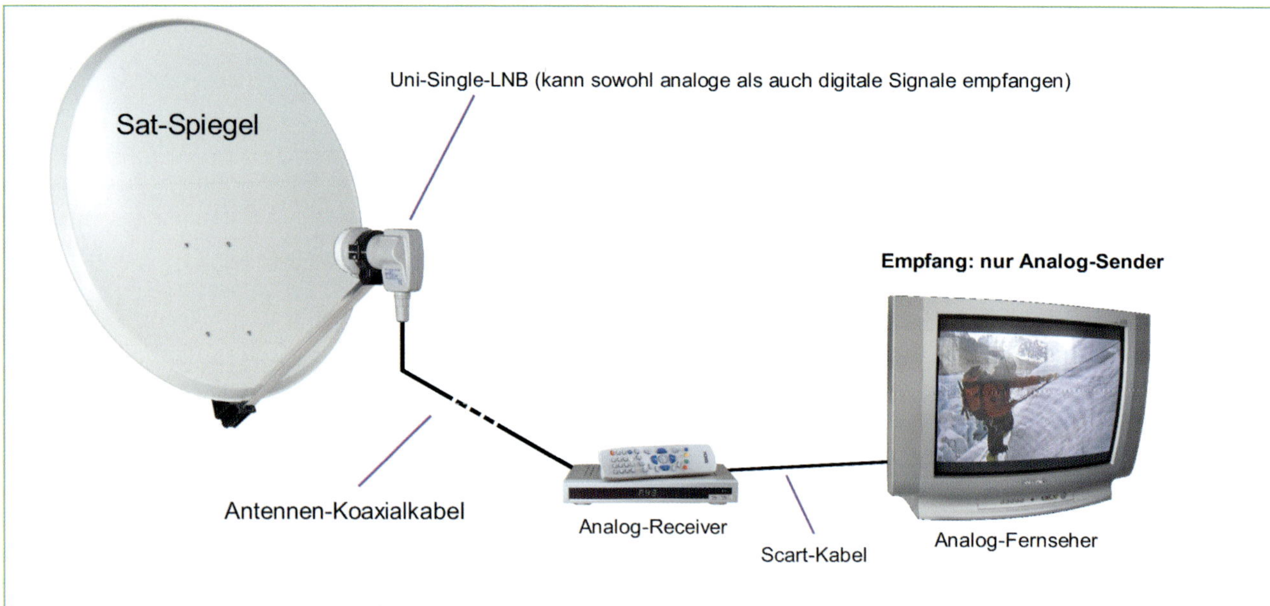

Abb. 2.5: Ein universaler LNB (Uni-LNB) kann sowohl digitale als auch analoge Satellitenprogramme empfangen und bei Bedarf an einen herkömmlichen analogen Receiver angeschlossen werden.

Bemerkung

Vor einiger Zeit wurden als „Set-Top-Boxen" nur spezielle HD-Receiver bezeichnet. Inzwischen wird die Bezeichnung „Set-Top-Box" oft auch für einfache Digital-Receiver verwendet, die nicht HDTV-tauglich sind und nur das „einfachere" digitale Fernsehen mit niedriger Auflösung verarbeiten (und an den Fernseher weiterleiten) können. Manche Anbieter bezeichnen wiederum den Receiver schlicht als „Empfänger", was jedoch an der Aufgabe und an der Funktion dieses Gerätes nichts ändert.

niedrig auflösendem digitalem Fernsehen zufrieden, dann benötigen Sie nur einen relativ kostengünstigen einfachen Digital-Receiver nach Abb. 2.6. Möchten Sie jedoch auch hochauflösende HD-Fernsehprogramme empfangen, benötigen Sie anstelle eines einfachen Digital-Receivers einen speziellen (und relativ teuren) HD-Receiver („HD-Set-Top-Box") – wie Abb. 2.7 zeigt.

Entscheiden Sie sich vorerst für die Lösung nach Abb. 2.6, ist ein Umstieg auf den HDTV-Empfang jederzeit dadurch möglich, dass der einfache Digital-Receiver durch einen HD-Receiver nach Abb. 2.7 ersetzt

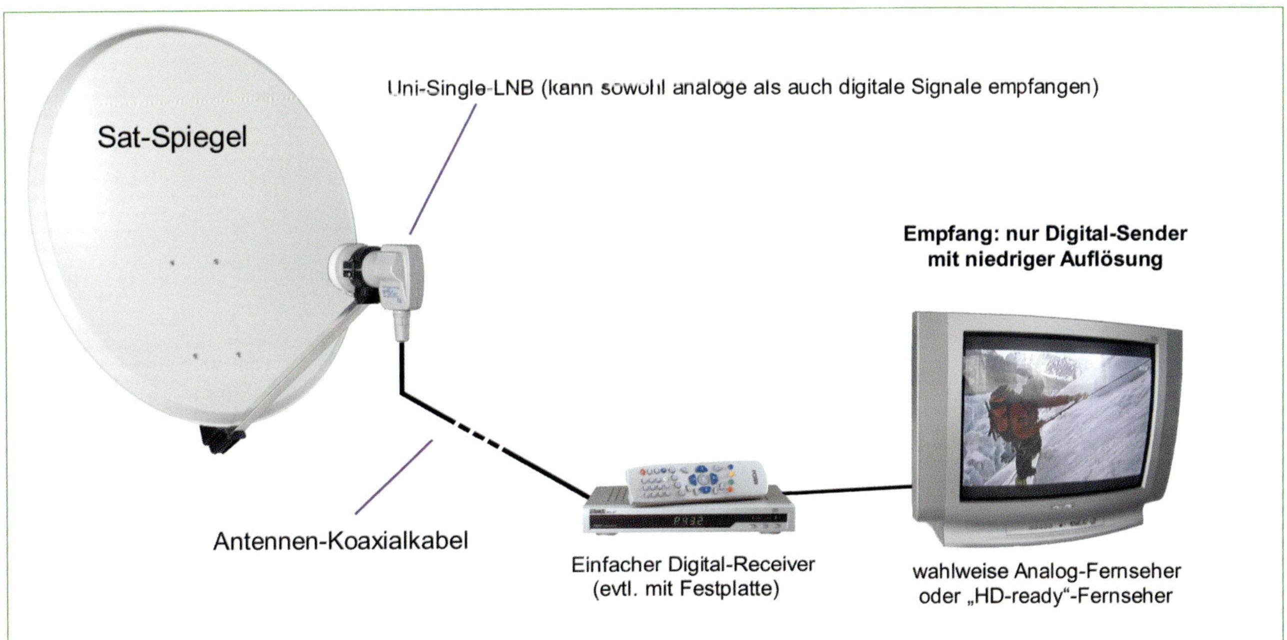

Abb. 2.6: Um herkömmliche niedrigauflösende digitale Fernsehprogramme empfangen zu können, muss der LNB als Universal LNB (Uni-LNB) und der Receiver (Empfänger) als „einfacher" Digital-Receiver ausgelegt sein.

wird. In dem Fall sollten Sie jedoch auch ein HDTV-taugliches („HD-ready"- oder „Full-HD"-) Fernsehgerät oder einen HDTV-Videoprojektor einplanen, da ansonsten das HDTV nicht in der vorgesehenen Qualität wiedergegeben werden kann (siehe hierzu auch Kapitel 3.8).

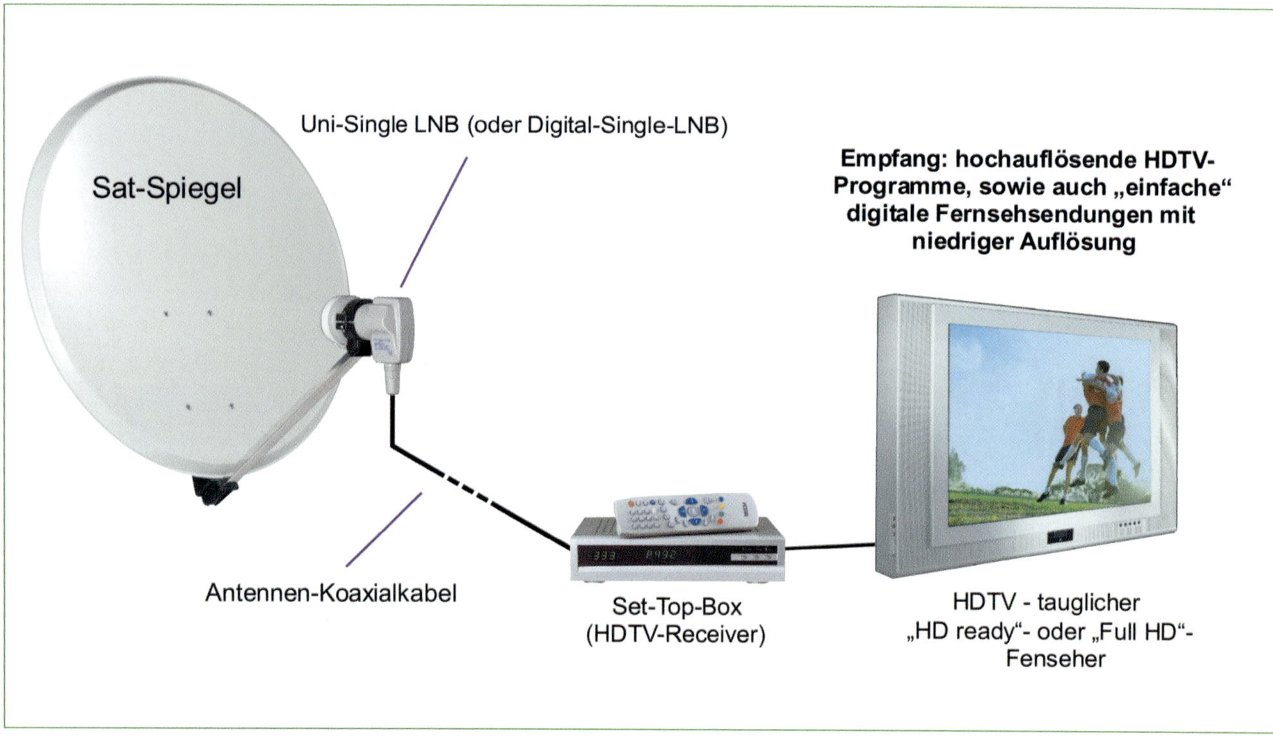

Abb. 2.7: Um hochauflösende HDTV-Programme empfangen zu können, ist anstelle eines „einfachen" Digital-Receivers ein spezieller HD-Receiver (eine HD-Box) erforderlich. Der Universal-LNB ist sowohl für den Empfang von analog ausgestrahlten als auch für den Empfang von digital ausgestrahlten Programmen ausgelegt – egal ob es sich dabei um die herkömmlichen digitalen Sendungen mit niedrigerer Auflösung oder um HDTV-Sendungen (Full-HD-Sendungen) handelt.

3 Planung und Errichtung einer neuen Sat-Anlage

3 Planung und Errichtung einer neuen Sat-Anlage

In die Planung einer neuen Sat-Anlage bzw. bei Überlegungen bezüglich der Umrüstung einer herkömmlichen analogen Sat-Anlage auf den digitalen Empfang ist auch die Frage einzubeziehen, wie viel unterschiedliche Programme bzw. Satelliten gleichzeitig empfangen werden sollen. Das hängt sowohl von der Anzahl und den Ansprüchen der Mitbewohner als auch von eventuellen zusätzlichen Aufnahmegeräten ab, die unabhängig von laufenden Programmen noch andere Sender aufnehmen sollten.

Im einfachsten Fall können z. B. zwei Fernseher (mit Zubehör) an einen gemeinsamen LNB über einen Zwei-Wege-Sat-Verteiler (TV-Splitter) nach Abb. 3.1 angeschlossen werden. Es sollte sich jedoch bevorzugt um zwei Anschlüsse handeln, die nicht gleichzeitig verwendet werden, denn ein LNB kann gleichzeitig wahlweise entweder nur alle horizontal polarisierten oder alle vertikal polarisierten Programme „seines" Satelliten liefern.

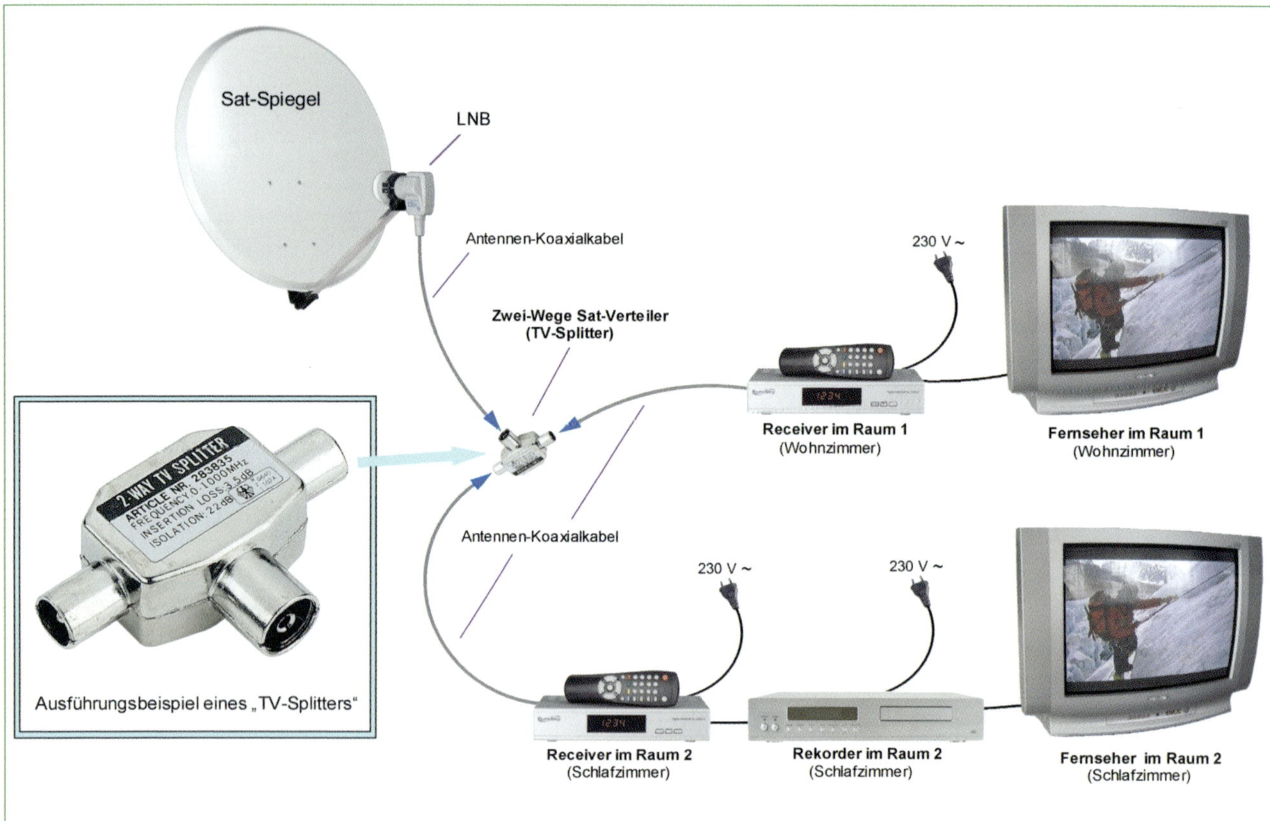

Abb. 3.1: Über einen *Zwei-Wege-Sat-Verteiler* können an einen gemeinsamen LNB zwei Fernseher oder zwei andere „Teilnehmer-Anschlüsse" angeschlossen werden.

Wichtig

Alle Sender, die über einen Satelliten ausgestrahlt werden, teilen sich in zwei Gruppen. Die eine Gruppe (Hälfte) wird in sogenannter *horizontaler Polarisation (horizontaler Empfangsebene),* die andere in sogenannter *vertikaler Polarisation (vertikaler Empfangsebene)* ausgestrahlt. Was darunter zu verstehen ist, zeigt in Kurzform *Tabelle 1* auf der nächsten Seite (die horizontale Polarisation wird mit dem Buchstaben H, die vertikale Polarisation mit dem Buchstaben V bezeichnet).

Der LNB kann jeweils nur eine dieser Gruppen (also nur etwa eine Hälfte der ausgestrahlten Programme) empfangen. Für das Umschalten von der einen zu der anderen Gruppe ist im LNB ein *Polarizer* zuständig, der automatisch vom Receiver gesteuert wird. Je nachdem, welchen Sender Sie mit der Fernbedienung über den Receiver auswählen, schaltet der Receiver den LNB entweder auf eine horizontale oder auf eine vertikale Empfangsebene um. Diese Empfangsebenen werden in der Regel auch in allen Tabellen mit Senderverzeichnissen mit den Buchstaben H (für horizontale Empfangsebene) und V (für vertikale Empfangsebene) angegeben.

Der LNB selber liefert an den (oder an die) Receiver jeweils alle Programme der vorselektierten Gruppe H oder V aus. Bei Anwendung eines Zwei-Wege-Verteilers nach *Abb. 3.1* können daher *zwar* zwei unterschiedliche Sender empfangen werden, aber wahlweise jeweils *nur die Sender derselben Empfangsebene,* aus denen sich der Receiver jeweils nur einen der Sender aussucht und diesen an den an ihn angeschlossenen Fernseher, Rekorder oder Videoprojektor weiterleitet.

Werden bei einer Signalverteilung nach *Abb. 3.1* zwei Sender *unterschiedlicher Empfangsebene* über zwei Receiver abgerufen, zeigt ein Fernseher das Fernsehprogramm an und der andere Fernseher liefert nur unbrauchbare Geräusche und Streifen am Bildschirm. Möchte man notgedrungen (bzw. nur gelegentlich) dennoch an beiden Fernsehern gleichzeitig zwei unterschiedliche Sender empfangen, wäre eine Vorselektion mit Hilfe von Tabellen erforderlich, die meist in der Bedienungsanleitung des Receivers auffindbar sind und in denen neben dem Sendernamen mit den Buchstaben H oder V auch die *Empfangsebene* angegeben ist. Ein solcher Aufwand ist allerdings für die tägliche Praxis unzumutbar und dürfte nur in Ausnahmefällen in Betracht gezogen werden.

Aus der vorhergehenden Erläuterung geht hervor, dass eine Lösung nach Abb. 3.1 im Prinzip nur für Single-Haushalte sinnvoll ist, in denen zwei Fernseher stehen, die nicht gleichzeitig betrieben werden – bzw. wo auch kein Wert darauf gelegt wird, dass z. B. eine Sendung auf einem Rekorder aufgenommen wird, während am Fernseher eine andere Sendung läuft. Abgesehen davon eignet sich dieses Konzept auch nicht für Fernseher, die als „Bild im Bild" zwei Programme gleichzeitig anzeigen können, denn hier käme es dann ebenfalls zu den angesprochenen Kollisionen zwischen den „horizontal" und den „vertikal" ausgestrahlten Programmen.

Programm	Polarisation
ARD	**H** (horizontal)
ZDF	**H** (horizontal)
Sat 1	**V** (vertikal)
Kabel 1	**V** (vertikal)
RTL 2	**H** (horizontal)
Pro Sieben	**V** (vertikal)
Vox	**H** (horizontal)
usw.	

Tabelle 1: Alle Fernsehsendungen, die über Satelliten ausgestrahlt werden, teilen sich in zwei Gruppen, die als „H" und „V" bezeichnet werden (in diesem Beispiel werden nur 7 Sender aufgeführt); der LNB kann jeweils nur eine dieser Gruppe empfangen – wofür er intern über einen Umschalter verfügt, der vom Receiver aus auf die „H-Empfangsebene" oder auf die „V-Empfangsebene" bedarfsbezogen umgeschaltet wird.

Es gibt jedoch handelsübliche LNBs (Empfangsköpfe) nach Abb. 3.2, die einen unabhängigen gleichzeitigen Direktempfang von zwei bis acht Sendern (desselben Satelliten) ermöglichen: Einen Single-LNB können Sie problemlos jederzeit z. B. durch einen Twin-, Quad- oder Oct-LNB ersetzen. Jeder der LNB-Ausgänge benötigt dann allerdings ein eigenes Antennen-Koaxialkabel und fungiert quasi wie eine selbstständige Sat-Anlage. Am anderen Ende des Antennenkabels ist dann für jeden der Anschlüsse ein eigener Receiver erforderlich – wie Abb. 3.3 bis 3.7 zeigen. Für viele kleinere Haushalte dürfte ein Twin-LNB nach Abb. 3.3 ausreichen. Er lässt sich leicht anstelle eines Single-LNBs in den Sat-Spiegel einsetzen und der zweite Antennenanschluss stellt in den mei-

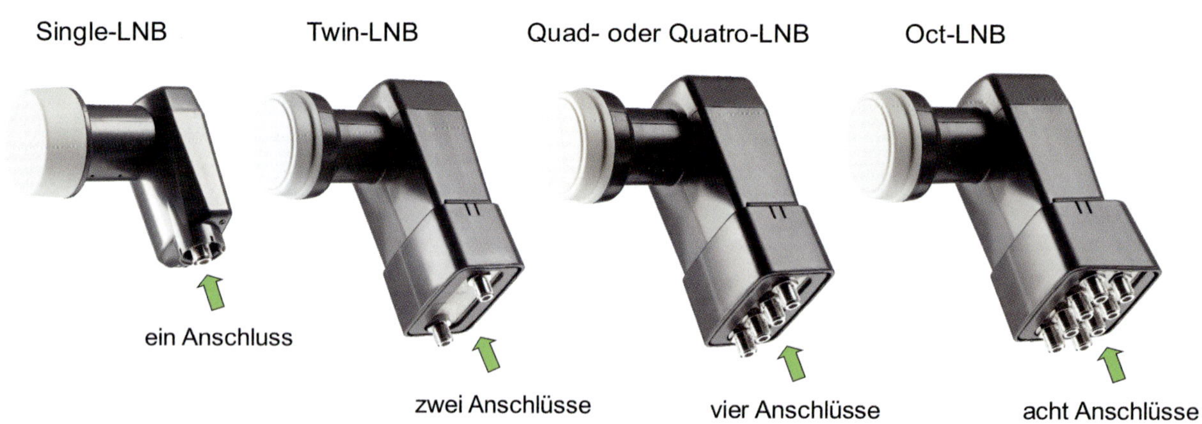

Abb. 3.2: Handelsübliche Ausführungen der LNBs für den Empfang eines Satelliten

Hinweis

Wird in einem kleineren Sat-Spiegel mit einem Durchmesser von weniger als 80 cm ein Single-LNB durch einen „guten" Twin-LNB ersetzt, sind bei einer optimalen Empfangslage (Empfangslage ohne jegliche Hindernisse) keine Einbußen in der Bildqualität zu befürchten. Beim Umstieg von einem Single-LNB auf ein Quad-LNB kann es – je nach der Qualität des alten Sat-Spiegels und des neuen Quad-LNBs – der Bildqualität dienlich sein, wenn der Durchmesser des Sat-Spiegels zumindest auf 85 cm vergrößert wird. Dasselbe gilt auch für den Quatro-LNB (der jedoch nur in Kombination mit Multischaltern anwendbar ist) und für einen Oct LNB.

sten Fällen auch keinen zu großen Arbeitsaufwand dar, der einen „Uneingeweihten" überfordern würde – vorausgesetzt, der Sat-Spiegel ist angemessen leicht zugänglich.

Das in Abb. 3.4 dargestellte Beispiel zeigt die Anordnung der Kabelverbindungen bei einer Sat-Anlage mit einem Twin-LNB und zwei unabhängigen Geräteanschlüssen mit je einem Receiver, einem Aufnahmerekorder und einem Fernseher. Die Aufnahmerekorder können entfallen, die Receiver jedoch nicht, denn sie bilden einen Bestandteil der eigentlichen Antenne.

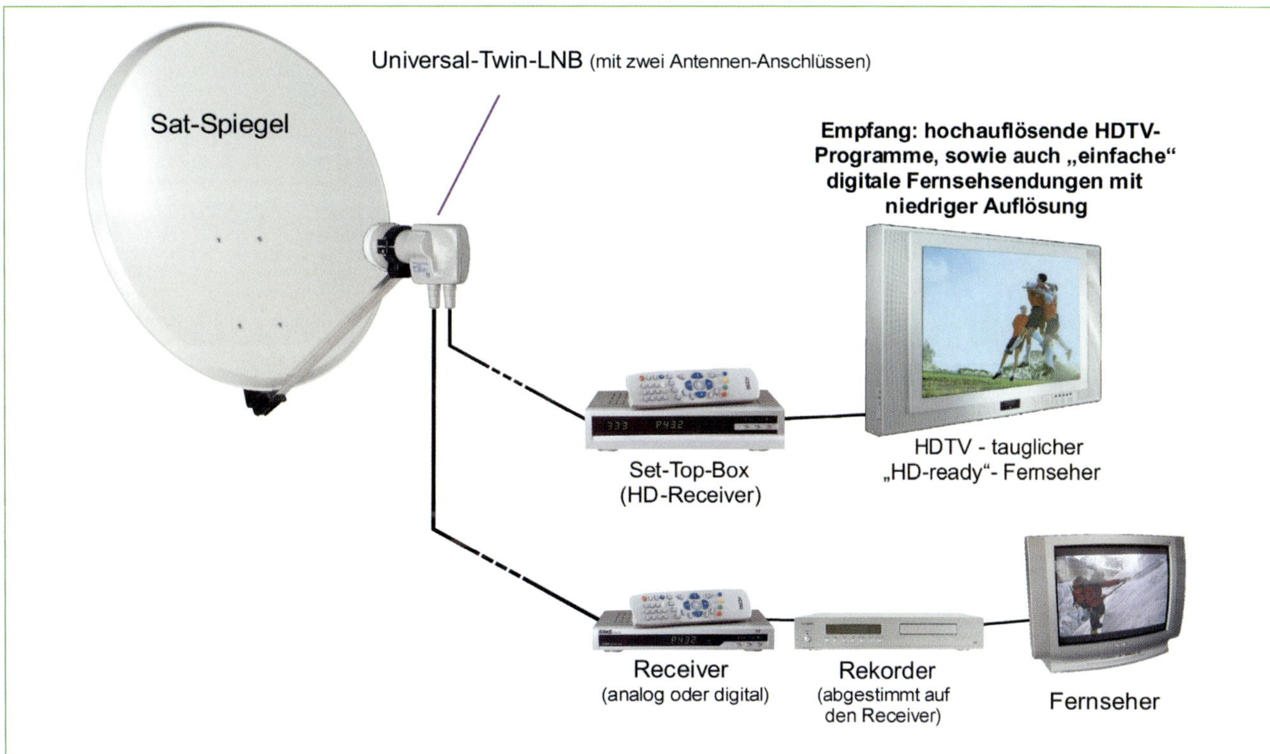

Abb. 3.3: Anwendungsbeispiel eines Twin-LNBs

3 Planung und Errichtung einer neuen Sat-Anlage

Es gibt aber auch Duo-Receiver als Geräte, bei denen zwei Receiver in einem Gehäuse untergebracht sind. Solche Duo-Receiver werden manchmal einfach als „Empfänger mit zwei Tunern" oder als „Empfänger mit einem Doppel-Tuner" bezeichnet. Sie benötigen verständlicherweise zwei „Signalquellen" – also einen Twin-LNB – und natürlich auch zwei Antennen-Koaxialkabel – wie Abb. 3.4 zeigt.

In vielen Receivern ist zudem eine Festplatte oder ein Rekorder integriert. Möchte man ein Fernsehprogramm anschauen und gleichzeitig ein anders Fernsehprogramm aufnehmen, muss auch hier der

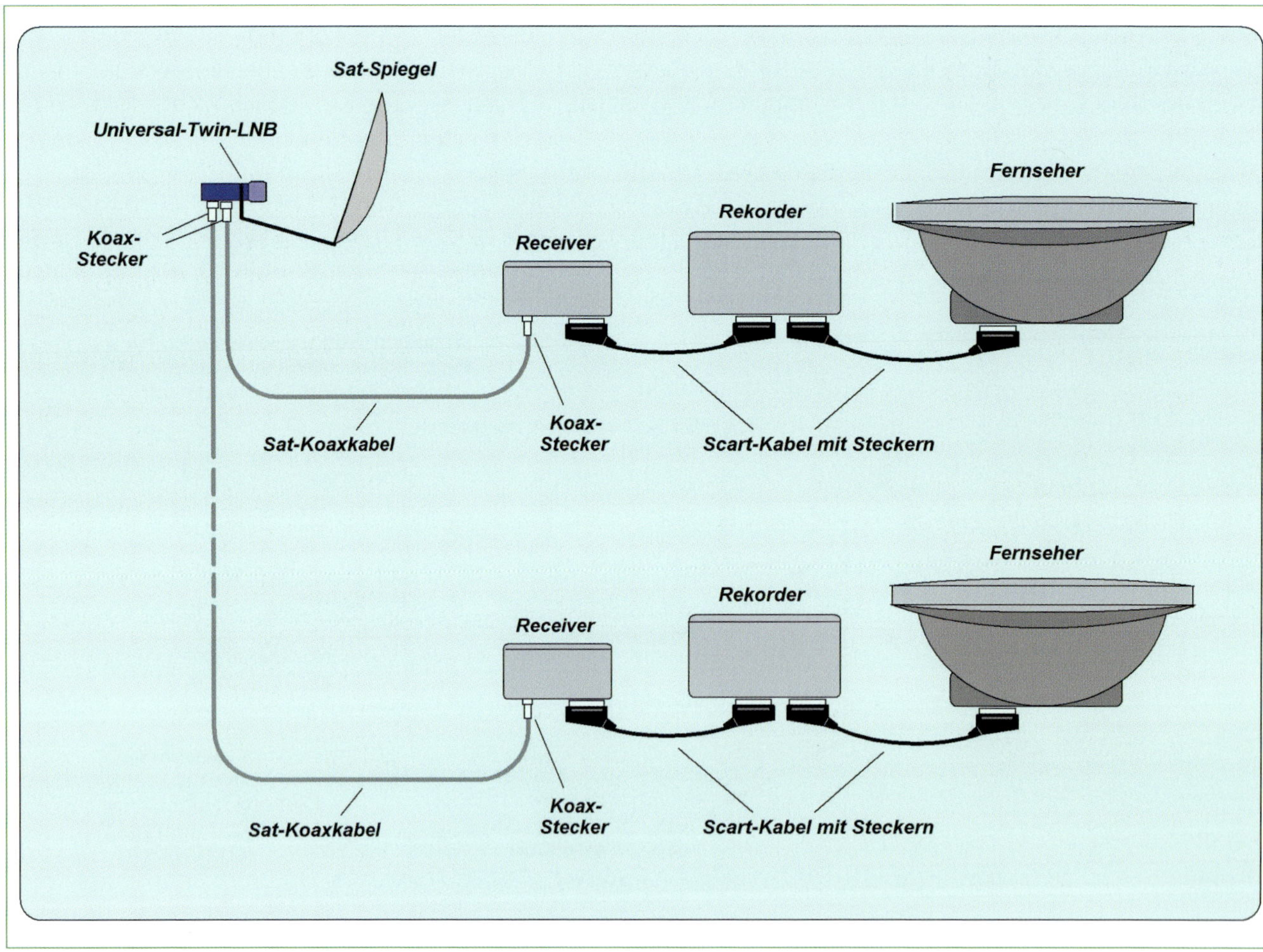

Abb. 3.4: Anordnungsbeispiel der Kabelverbindungen bei einer Sat-Anlage mit einem Twin-LNB und zwei unabhängigen Geräte-Anschlüssen mit je einem Receiver, Rekorder und Fernseher

Wichtig

Ein Fernseher, der über eine „Bild-in-Bild-Funktion" verfügt, benötigt bei einem Satellitenempfang für diesen „Spaß" zwei selbstständige LNBs (bzw. ein Twin-LNB) und ebenfalls zwei selbstständige Receiver (bzw. einen Twin-Receiver), nach *Abb. 3.5.* Andernfalls zeigt der Fernseher das zweite Bild nicht an.

Sat-Spiegel über zwei LNBs bzw. über einen Twin-LNB verfügen. Die zwei Antennen-Koaxialkabel werden dann – wie Abb. 3.5 zeigt – einfach an die zwei Antennen-Eingänge des „Receivers mit Doppel-Tuner" angeschlossen.

An der eigentlichen Anordnung der Verbindungen und Geräte ändert sich nichts, wenn anstelle eines einfachen Single-LNB ein Twin-LNB (Abb. 3.3 bis 3.5) oder ein Quad-LNB (Abb. 3.6) in den Sat-Spiegel montiert wird. Werden z. B. nur drei von den vier Anschlüssen eines Quad-LNBs benötigt, kann der vierte Anschluss als Reserve dienen.

Oct-LNBs in der Form von „digital-tauglicher" Universal-Ausführung sind etwas schwieriger erhältlich, da hier die Nachfrage ziemlich bescheiden ist. Sie lassen sich zwar genauso einfach installieren wie alle anderen LNBs, aber die vielen Verbindungen mit Antennen-Koaxialkabel müssen auch „irgendwie und irgendwo" in das Haus hineingeführt werden – was nur unter günstigen Umständen leicht machbar ist. Es müssen allerdings nicht unbedingt alle acht Anschlüsse des Oct-LNBs genutzt werden. So zeigt Abb. 3.7 ein Anschluss-Beispiel, bei dem nur sieben der acht zur Verfügung stehenden Anschlüssen eines

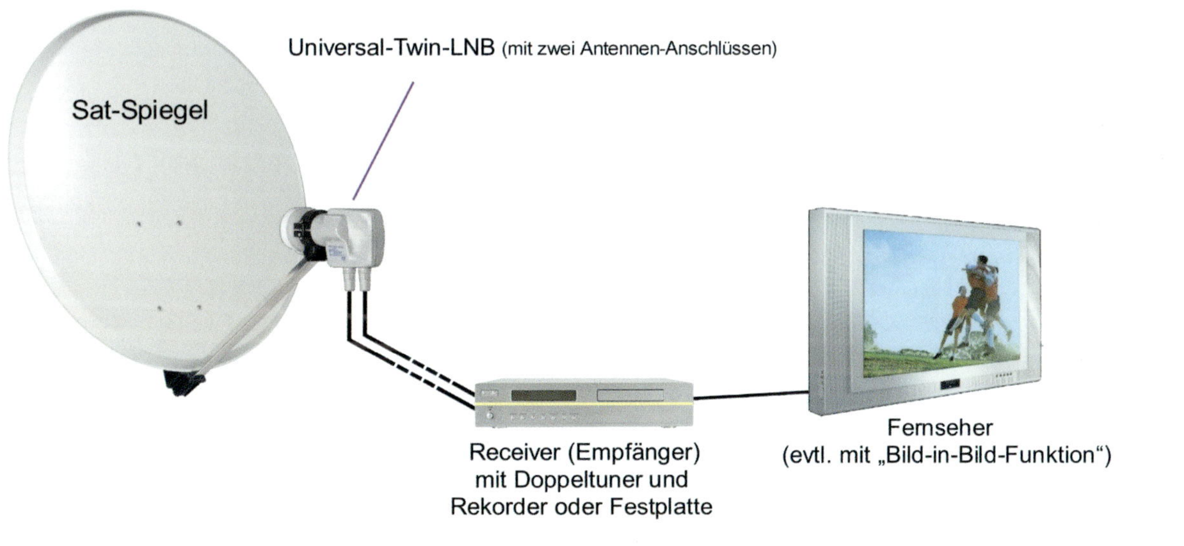

Abb. 3.5: Ein Twin-LNB ist ebenfalls erforderlich, wenn der Receiver (Empfänger) über zwei Tuner (Doppel-Tuner) verfügt, die den gleichzeitigen Empfang von zwei unterschiedlichen Sendern erlauben.

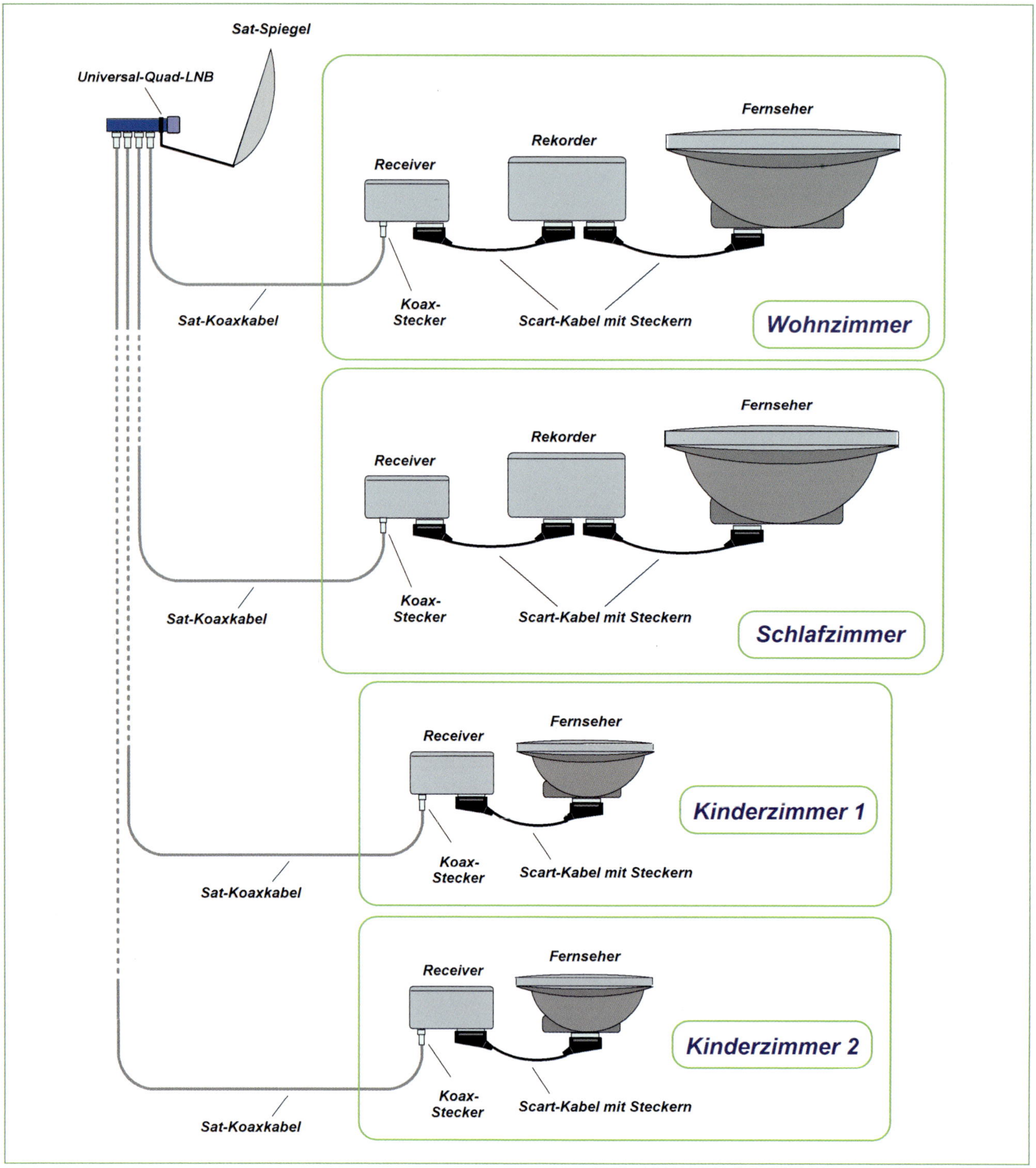

Abb. 3.6: Kabelverbindungen bei einer Sat-Anlage mit einem Quad-LNB

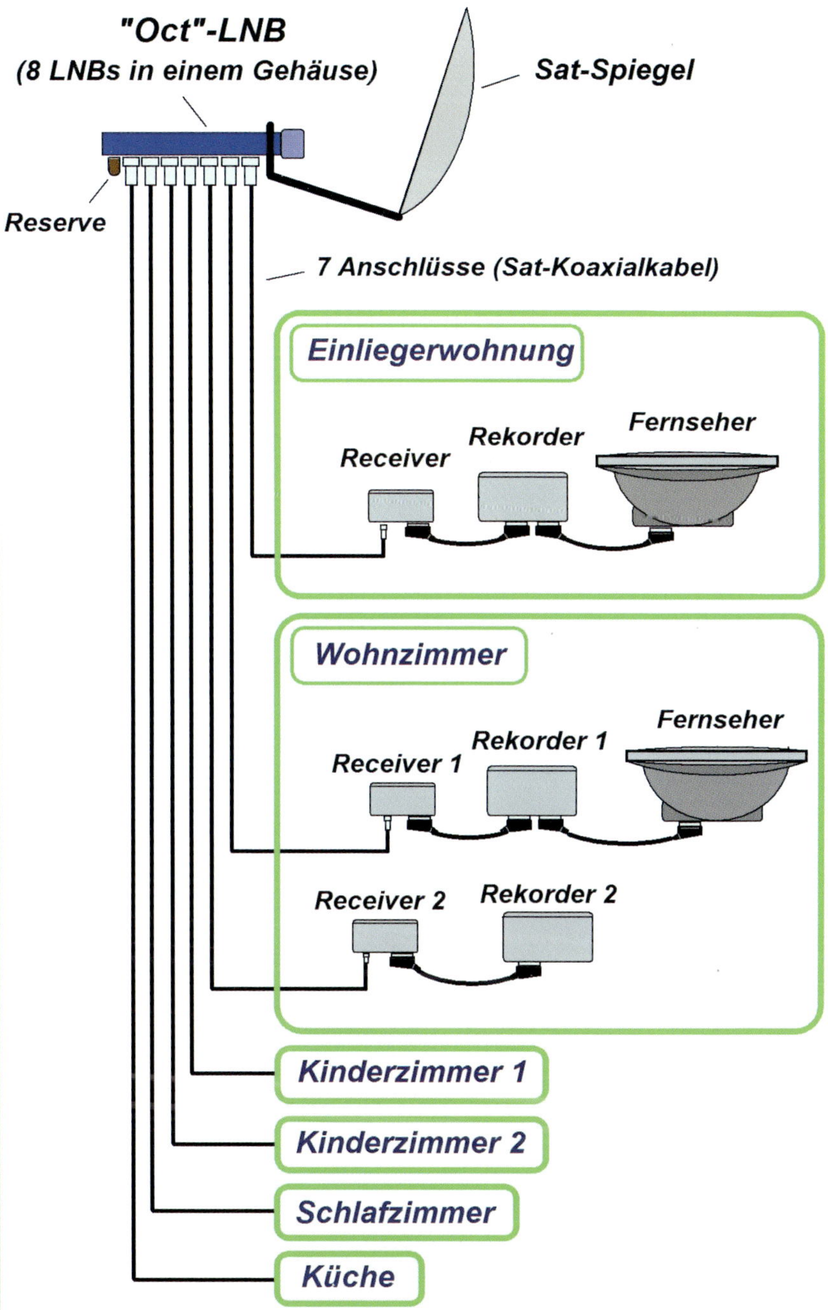

Hinweis:
Nicht verwendete LNB-Anschlüsse, die als Reserve unangeschlossen bleiben, sollten mit einem speziellen (handelsüblichen) „75-Ohm-Abschlusswiderstand“ oder „75 Ohm-DC-Entkoppler“ verschlossen werden:

Abb. 3.7: Kabelverbindungen bei einer Sat-Anlage mit einem Oct-LNB

Oct-LNBs genutzt werden (der achte Anschluss bleibt einfach unbenutzt als Reserve). Noch einfacher dürfte es hier mit der „Verkabelung" z. B. bei der Anwendung von nur fünf oder sechs Anschlüssen des Oct-LNBs werden.

Abgesehen von den einzelnen Anschlüssen (Antennen-Koaxialkabeln), die von jedem LNB-Ausgang zu den einzelnen Receivern verlegt werden müssen, ändert sich an dem Schwierigkeitsgrad der Installation nichts, wenn anstelle eines einfachen Single-LNB ein Twin-, Quad- oder Oct-LNB in den Sat-Spiegel montiert wird. Die Frage des optimalen Verlegens und Unterbringens aller Antennen-Koaxialkabel sollte aber bereits im Planungsstadium gut durchdacht werden, da man die Kabel nicht wie Wäscheschnüre in der Luft hängen lassen kann.

Unsere Beispiele aus Abb. 3.3 bis 3.7 dienen nur einer schnellen Orientierung und einer leicht verständlichen Vorinformation darüber, was es auf diesem Gebiet in einfachsten Ausführungen alles gibt. Welche Receiver, Aufnahmegeräte und Fernseher an die Antennen-Zuleitungen von den LNBs angeschlossen werden, bleibt dem Anwender überlassen. Auf konkrete Lösungen und Empfehlungen kommen wir noch in weiteren Kapiteln zurück. Dieses Kapitel soll Ihnen vorerst nur eine schnelle Übersicht über die Grundkonfigurationen der Sat-Systeme bieten und gewissermaßen den Boden für die Aufnahme weiterer Informationen bereiten, die Sie – bei Bedarf – auch in dem nun folgenden Kapitel finden.

Wichtig

Quad-LNBs dürfen nicht mit Quatro-LNBs verwechselt werden, denn ein Quatro-LNB kann nur mit einem zusätzlichen Umschalter (Multischalter) betrieben werden. Er ist intern so ausgelegt, dass er vom Receiver aus *nicht* von der einen (horizontalen) Empfangsebene auf die andere (vertikale) Empfangsebene „programmgerecht" geschaltet werden kann. Die interne Elektronik eines Quatro-LNBs unterscheidet sich von der eines Quad-LNBs auch dadurch, dass in einem Quatro-LNB nicht *vier* selbstständige LNBs, sondern nur zwei LNBs untergebracht sind, die jeweils einen separaten Ausgang für die horizontale und vertikale Empfangsebene haben. Sie werden oft in Kombination mit diversen speziellen Antennen-Umschaltern (DiSEqC-Schaltern) für aufwendigere Antennen-Installationen verwendet – wie Sie den folgenden Themen entnehmen können.

3.1 Sat-Anlagen mit „Multischaltern"

Ist es erwünscht, dass z. B. in einem Mehrfamilien- oder in einem Einfamilienhaus mehr als vier Teilnehmer-Anschlüsse installiert werden bzw. dass beispielsweise alle Teilnehmer zudem auch noch Zugriff auf zwei verschiedene Satelliten haben, dann bietet ein zusätzlicher passender Multischalter bei dem heutigen Stand der Technik die beste Lösung.

Die vorher beschriebene Anwendung eines **Oct-LNBs** (das für den Empfang von digitalen Programmen als **Uni-Oct-LNB** oder **digitaltaugliches LNB** ausgeführt werden muss) stellt vor allem für Einsteiger eine einfache Lösung dar, die keine Stolpersteine beinhaltet. Da es sich bei diesem LNB eigentlich um acht LNBs handelt, die in einem gemeinsamen Gehäuse untergebracht sind, gibt es bei den einzelnen Anschlüssen keine Komplikationen, da alle auf dieselbe Weise ausgeführt werden – bzw. ausgeführt werden können, wenn man nicht einige der LNB-Ausgänge vorerst nur als Reserve unangeschlossen lässt. Der Nachteil dieser Lösung besteht darin, dass von jedem der angewendeten LNBs ein separates Antennen-Koaxialkabel bis zu dem Receiver (oft durch die Hausmauer) geführt werden muss.

Eine der einfachsten Anwendungsmöglichkeiten eines Multischalters zeigt Abb. 3.8. Im Vergleich mit der Anwendung eines Universal-Quad-LNBs (nach Abb. 3.6) hat diese Lösung den Vorteil, dass hier von dem Sat-Spiegel in das Hausinnere nur zwei – anstelle von

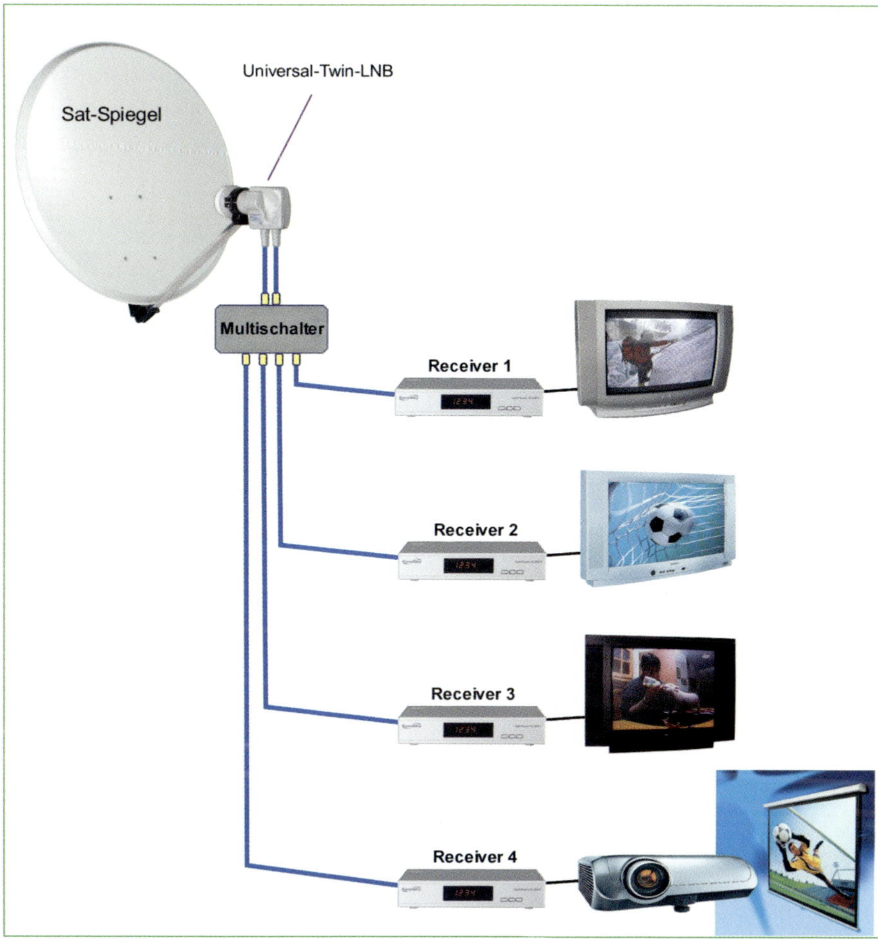

Abb. 3.8: Einfache Anwendung eines Multischalters, der eingangsseitig mit einem Twin-LNB verbunden ist und ausgangsseitig für vier unabhängige „Teilnehmer-Anschlüsse" ausgelegt ist: Es spielt dabei keine Rolle, ob an die einzelnen Receiver Fernsehgeräte, Rekorder oder „Heimkino-Projektoren" angeschlossen werden.

3.1 Sat-Anlagen mit „Multischaltern"

vier – Antennen-Koaxialkabeln geführt werden, allerdings nur bis zu dem Multischalter, der z. B. am Dachboden oder an einem Standort der ersten erforderlichen Abzweigung untergebracht wird. Der hierzu erforderliche Multischalter ist zwar ziemlich klein (nur ca. 145 x 120 x 35 mm), aber seine Anwendung hat dennoch zwei Nachteile:

a) Er muss irgendwo im Hausinneren so untergebracht werden, dass er leicht zugänglich ist und dabei nicht als ein innenarchitektonisch störendes Element auffällt.
b) Ein Multischalter stellt einen „weiteren" elektrischen Verbraucher dar, der normalerweise laufend Strom frisst. Kleinere Multischalter, die nicht über ein eigenes Netzteil verfügen, beziehen ihren Strom quasi „unsichtbar", wohl aber durchlaufend „Tag und Nacht" vom Receiver. Der bezieht wiederum diesen zusätzlichen Strombedarf aus dem Netz. Größere Multischalter, die über ein eigenes Netzteil verfügen, werden üblicherweise dauerhaft an das Netz angeschlossen und beziehen in dem Fall ihren Strom ebenfalls ununterbrochen das ganze Jahr. Es handelt sich hier zwar um einen relativ niedrigen Strombedarf (der allerdings von der Größe des Multischalters abhängt), aber wer aus Energie-Spargründen bereits ohnehin seine Standby-Geräte manuell abschaltet, den dürfte dieser zusätzliche Stromverbrauch nachdenklich stimmen. Bei Multischaltern, die über ein eigenes Netzteil verfügen, kann der Stromanschluss eventuell mit einem zusätzlichen Funk-Fernschalter nur bedarfsbezogen geschaltet werden (z. B. mit einem einfachen Steckdosen-Funkschalter). Multischalter, die kein eigenes Netzteil haben, beziehen ihre Stromversorgung über das Antennen-Koaxialkabel direkt vom Receiver und können nicht auf

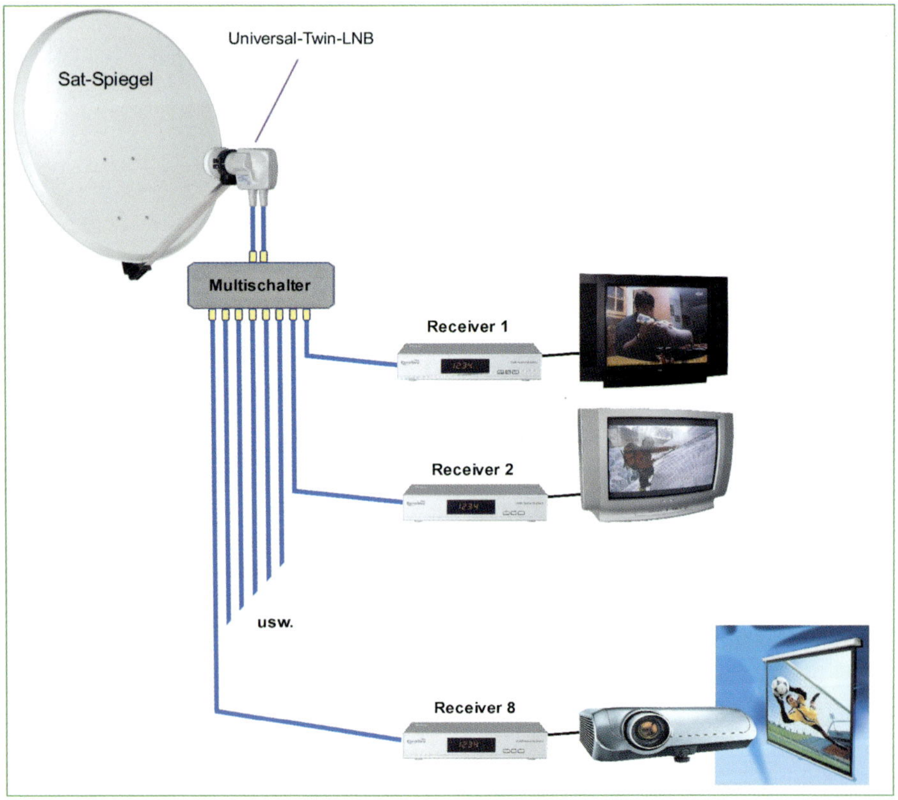

Abb. 3.9: Einfaches Anschlussbeispiel eines Multischalters, der für acht Teilnehmer-Anschlüsse ausgelegt ist.

eine einfache (oder zumutbare) Weise als „elektrische Verbraucher" separat abgeschaltet werden.

Die große Anzahl der Anschlüsse, die bei der Anwendung eines Oct-LNBs erforderlich sind, lässt sich bei der Anwendung eines zusätzlichen Multischalters verringern. Ein Multischalter bietet aber noch mehrere Vorteile, die am schnellsten einige konkrete Beispiele in Abb. 3.9 bis 3.11 erläutern.

Ähnlich wie bei dem Anschluss-Beispiel aus Abb. 3.8 bieten auch die Beispiele aus Abb. 3.9 und 3.10 den Vorteil, dass hier nur zwei bis vier Antennenkabel-Zuleitungen zum Multischalter erforderlich sind. Die Nachteile dieser Lösungen sind jedoch identisch mit denen, auf die bereits im Zusammenhang mit dem Beispiel aus Abb. 3.8 hingewiesen wurde. Die meisten Multischalter verfügen über einen zusätzlichen Anschluss für eine terrestrische Antenne (Abb. 3.11). Inwieweit dies angewendet wird bzw. als ein Argument für diese Lösung gelten dürfte, hängt von den individuellen Ansprüchen ab.

Ein Multischalter fungiert als eine Art Umschalt-Zentrale für alle angeschlossenen Receiver. Es gibt ein großes Angebot an Multischaltern, die für eine unterschiedliche Anzahl von Ein- und Ausgängen ausgelegt sind. So ist z. B. der Multischalter aus Abb. 3.12 für vier LNB-Anschlüsse und acht Teilnehmer-Ausgänge ausgelegt. Alle Anschlussbuchsen sind hier identisch mit den Anschlussbuchsen der LNBs und für dieselben F-Stecker (an Antennenkabeln) vorgesehen.

Bis auf die höhere Anzahl der Ausgänge unterscheidet sich dieser Multischalter nicht von seinem kleineren Brüderchen aus Abb. 3.11 und wird auf dieselbe Weise installiert – allerdings mit dem Unterschied, dass an ihn acht Receiver angeschlossen werden können. Auch dieser Multischalter verfügt

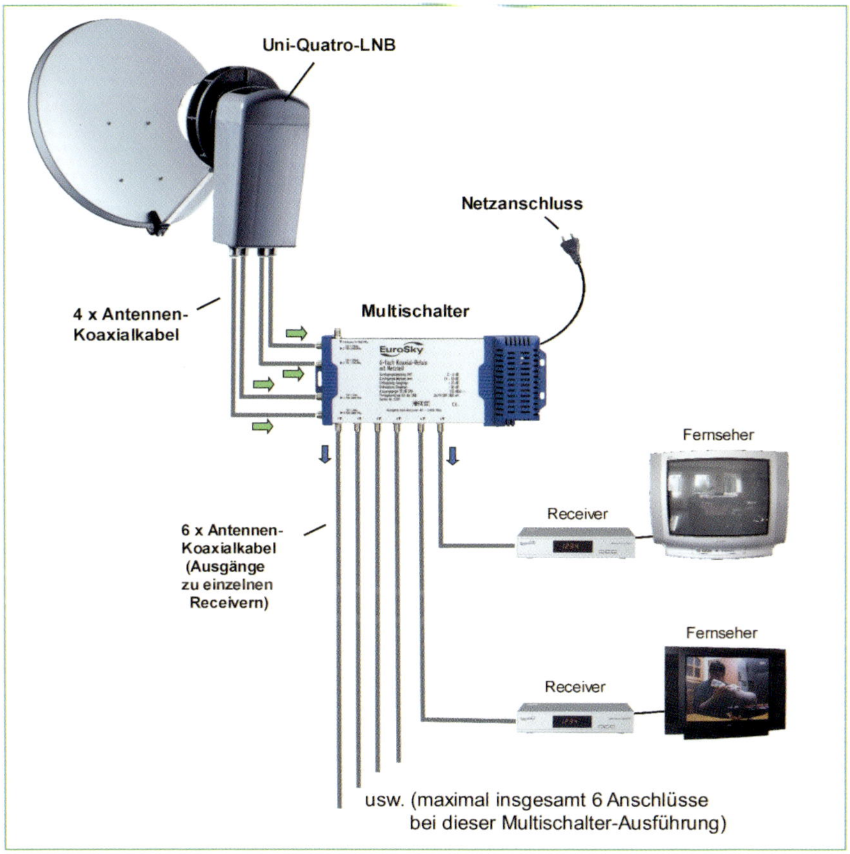

Abb. 3.10: Bildliche Darstellung der Anschlüsse eines Multischalters, der für vier LNB-Anschlüsse und sechs Receiver-Anschlüsse ausgelegt ist.

3.1 Sat-Anlagen mit „Multischaltern"

über eine zusätzliche Anschlussbuchse für eine terrestrische Antenne (falls man sich die damit verbundene Arbeit zumuten will).
Handelsübliche Multischalter sind ausgangsseitig mit bis zu 16 Teilnehmer-Anschlüssen erhältlich. Soweit sie eingangsseitig für nur einen LNB ausgelegt sind, unterscheiden sie sich äußerlich nur durch mehrere Teilnehmer-Anschlussbuchsen von ihren kleineren Brüderchen aus Abb. 3.11 und 3.12 und werden auch auf dieselbe Weise installiert.

Wie Abb. 3.12 zeigt, sind die Anschlüsse eines Multischalters deutlich gekennzeichnet, wodurch die Installation dieses Kleingerätes nicht schwierig ist (wobei auch die beiliegenden Bedienungsanleitungen ein solches Anliegen erleichtern). Da an diesen Geräten nichts eingestellt werden muss, ist ihre Inbetriebnahme nicht komplizierter als z. B. die Inbetriebnahme einer Türglocke.

Soweit man nur einen einzigen Satelliten mit einem einzigen LNB empfangen will, stellt sich selbstverständlich die Frage, ob die Anwendung eines solchen Multischalters Vorrang vor z. B. einem Oct-LNB verdient, wenn nicht mehr als acht Teilnehmer-Anschlüsse benötigt werden. Die Antwort dürfte lauten: nur bedingt:

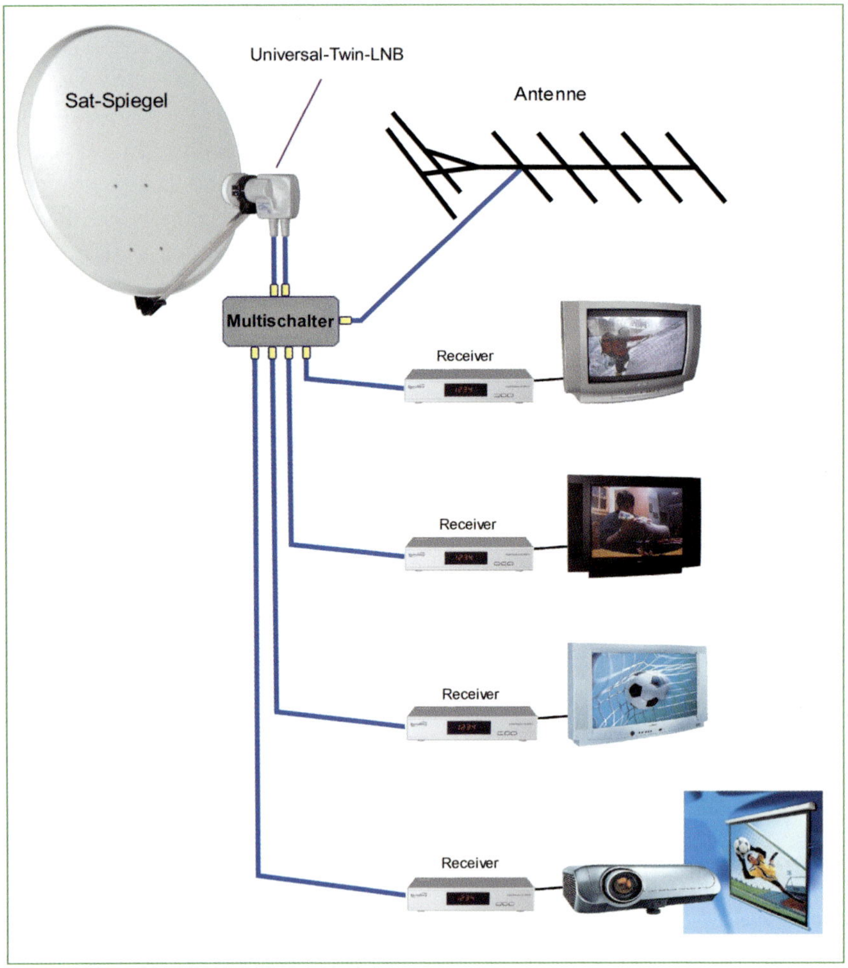

Abb. 3.11: Die meisten Multischalter verfügen über einen zusätzlichen Eingang für den Anschluss einer terrestrischen Antenne (der jedoch nicht benutzt werden muss).

Vorteile eines Multischalters:

- Der Multischalter verstärkt die empfangenen Signale und die angeschlossenen Teilnehmer-Anschlüsse (die Antennen-Koaxialkabel) dürfen daher ziemlich lang sein, ohne dass darunter die Bildqualität leidet.
- Die Verbindung des LNBs mit dem Multischalter (der z. B.

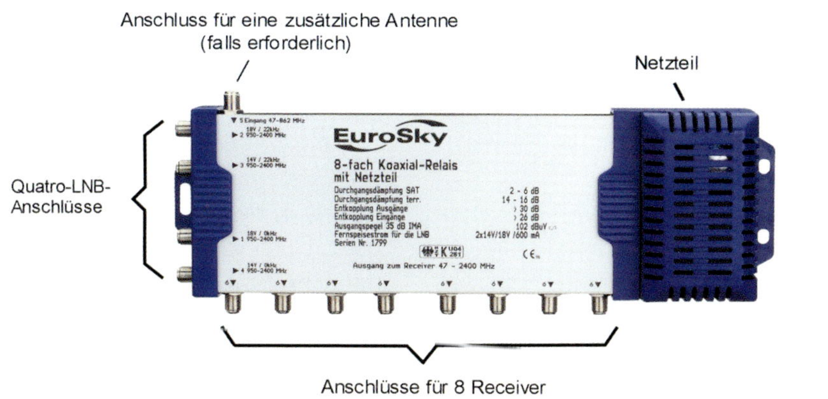

Abb. 3.12: Ausführungsbeispiel eines Multischalters mit vier LNB-Anschluss-Buchsen, einer Anschluss-Buchse für terrestrische Antenne und acht Teilnehmer- (Receiver-) Anschluss-Buchsen.

irgendwo am Dachboden des Hauses untergebracht werden kann) besteht nur aus vier Antennen-Koaxialkabeln, auch wenn mehr als vier Teilnehmer an den Multischalter angeschlossen werden (ausgangsseitig benötigt jedoch jeder Teilnehmeranschluss ein eigenes Antennen-Koaxialkabel).

- Ein Multischalter verfügt über einen Anschluss für eine zusätzliche terrestrische Antenne.
- Eine spätere Erweiterung der Teilnehmer-Anschlüsse kann durch einen zweiten Multischalter erfolgen, ohne dass an der eigentlichen Zuleitung vom LNB etwas geändert zu werden braucht
- Einige Multischalter sind für eine sogenannte „Multifeed-Anlage“ mit zwei Einzel-LNBs ausgelegt und ermöglichen den Empfang von zwei Satelliten, deren Programme auf bis zu 16 Teilnehmer-Anschlüsse verteilt und von denen unabhängig (über ihre Receiver-Fernbedienungen) ausgewählt werden können – siehe hierzu auch das Kapitel „Empfang mehrerer Satelliten“.
- Zu den wichtigsten Vorteilen eines Multischalters gehört, dass er einen bequemen Empfang von zwei oder auch mehreren Satelliten ermöglicht (darauf kommen wir im Kapitel „Empfang mehrerer Satelliten“ noch zurück).

Nachteile eines Multischalters:

- Der Multischalter benötigt in der Regel einen Netzanschluss und stellt einen elektrischen Verbraucher dar, der laufend Strom bezieht (es sei denn, man schaltet ihn mit einem zusätzlichen Funk-Schalter aus und ein, der jedoch auch laufend einen Standby-Strom bezieht).
- Die elektronische Umschaltung und Zwischenverstärkung kann auch bei guten Geräten technisch bedingt die Bildqualität in den Fällen negativ beeinträchtigen, wo die Zuleitungen vom Sat-Spiegel zu den einzelnen Receivern nur sehr kurz (unterhalb von ca. 15 m Kabellänge) sind und daher keine zusätzliche Verstärkung benötigen würden.
- Der zusätzliche Kostenaufwand verteuert die Installation.
- Als ein zusätzlicher elektronischer Baustein erhöht ein Multischalter das Risiko einer Störung und dürfte zudem theoretisch im Laufe der Jahre gleitend und unauffällig die Qualität der Bildwiedergabe negativ beeinträchtigen.

3.2 Sat-Anlagen mit Einkabelsystemen

Einkabelsysteme verringern vor allem bei größeren Häusern bzw. Wohnblocks den Installationsaufwand: Anstelle von aufwändigen Einzelverbindungen zwischen dem LNB und den Receivern kann hier nur ein einziges Koaxialkabel nach *Abb. 3.13* verlegt werden, an das unter Umständen (allerdings nicht bei jedem System) fast beliebig viele Teilnehmer bzw. Receiver angeschlossen werden können.

Bei herkömmlichen Einkabel-Systemen für SAT-Anlagen hat es Probleme mit der beschränkten Übertragungs- Kapazität gegeben. Die Systeme konnten nur eine relativ beschränkte Anzahl der Sender an die angeschlossenen Receiver übertragen. Die Anwender hatten demzufolge keinen uneingeschränkten Zugriff auf alle Satelliten-Programme, die der LNB empfängt, sondern nur auf einen Teil, der bei manchen dieser Geräte weit unterhalb der Hälfte des vorhandenen Programmangebotes lag bzw. typenbezogen immer noch liegt.

Inzwischen gibt es jedoch weiterentwickelte Einkabel-Systeme, die den angesprochenen Nachteil nicht mehr aufweisen und einen praktisch uneingeschränkten Zugriff auf alle Satellitenprogramme ermöglichen, die von dem LNB empfangen werden. So bietet z. B. *Kathrein* ein neues Einkabelsystem an, bei dem es keine Einschränkung bei der Programmvielfalt mehr gibt und das auch für HDTV geeignet ist. Dabei wird bei dem gegenwärtigen Kathrein-System das komplette Programmangebot von einem oder zwei Satelliten übertragen. Typenbezogene Einschränkungen gibt es jedoch bei dem *Kathrein-System* bzgl. der Teilnehmer-Zahl: Das momentan neueste *„Einkabel Quatro-Speisesystem UAS 481"* ist für den Anschluss von max. 4 Receivern und seine größere Variante, die *„Einkabelmatrix 9 auf 8 (Multifeed) EXU 908"* ist für die Versorgung von bis zu 8 Receivern über ein gemeinsames Kabel ausgelegt.

Die Fähigkeiten der handelsüblichen Einkabel-Systeme weisen noch ziemliche Qualitätsunterschiede auf und stellen auch unterschiedliche Ansprüche an die Handhabung. Es lohnt sich daher, dass Sie sich bei einer eventuellen Suche nach dem optimalen System über die jeweiligen Vor- und Nachteile und über das benötigte Zubehör gut aufklären lassen: Manche der Einkabelsysteme benötigen z. B. spezielle LNBs, andere Systeme können mit beliebigen handelsüblichen Twin-, Quatro- oder Quad-Universal-LNBs kombiniert werden usw. Manche Einkabel-Systeme benötigen auch spezielle Receiver – worauf bei der Anschaffung zu achten ist. Zudem benötigen alle diese Systeme bevorzugt spezielle (passende) Durchgangs- und Enddosen, die als Spezial-Zubehör erhältlich sind. Wenn herkömmliche bzw. bereits bestehende Antennen-Dosen verwendet werden, muss die DC-Schaltspannung der angeschlossenen Sat-Receiver abgeschaltet sein oder es muss bei jedem Sat-Receiver ein Gleichspannungs-Trennglied zwischengeschaltet werden.

Im Zusammenhang mit der Anschaffung eines solchen Systems darf auch sein zusätzlicher Energieverbrauch nicht außer Acht gelassen werden. Abgesehen davon sollte auch die Anzahl der Kabel, die von den LNBs des Sat-Spiegels durch die Hausmauer ins Haus-Innere geführt werden müssen, vor allem bei kleineren Projekten mit anderen Lösungsmöglichkeiten (z. B. bei Anwendung eines Quad-LNBs) verglichen werden. Stellt sich dabei z. B. heraus, dass auch bei dem Einkabel-System mehrere zusätzliche Verzweigungen der Anschlüsse erforderlich sind, kann sich dieses System als unattraktiv erweisen.

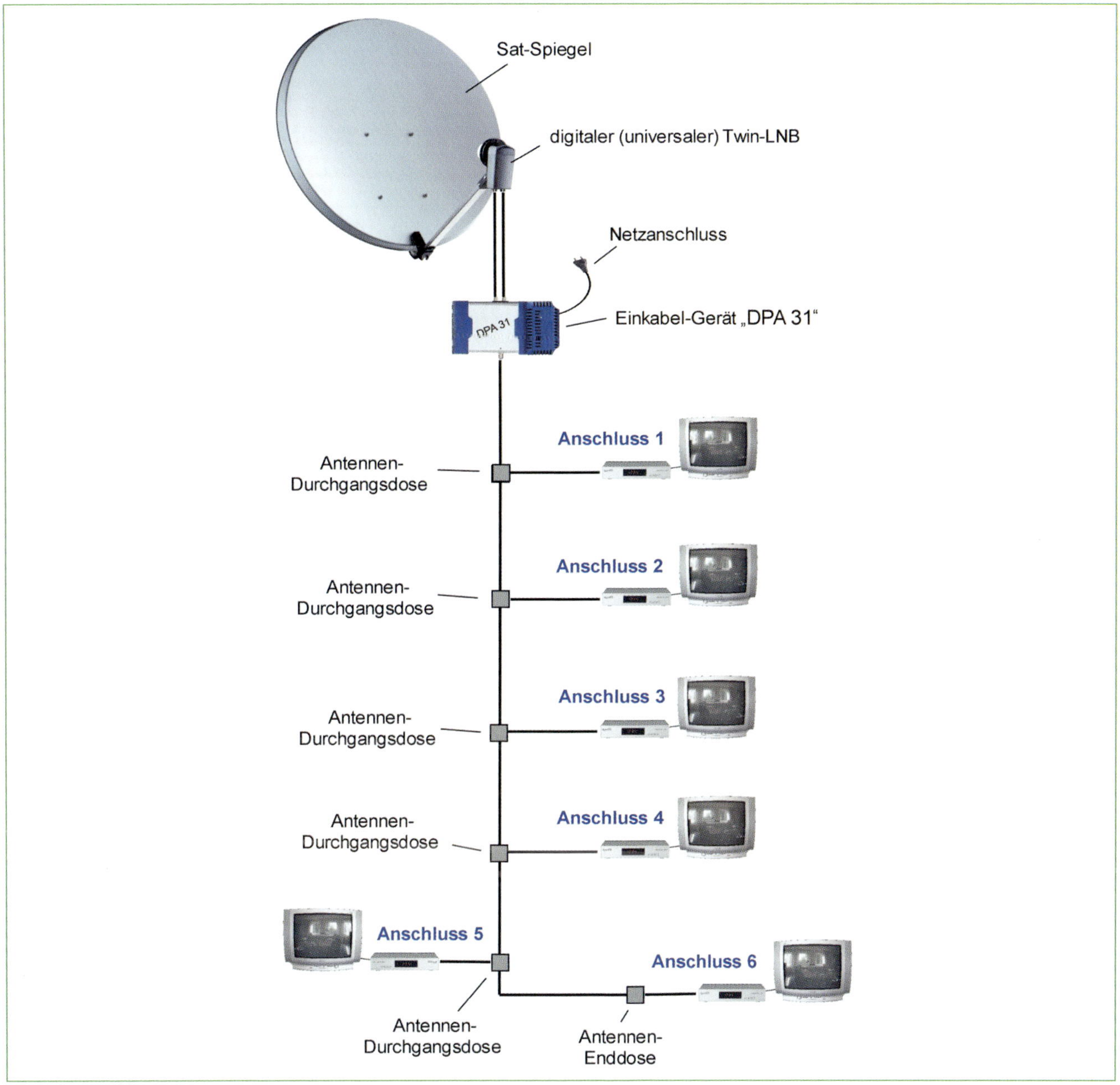

Abb. 3.13: Prinzipschaltung einer Sat-Anlage mit Einkabelsystem

3.3 Empfang mehrerer Satelliten

Mit dem eigentlichen Empfang mehrerer Satelliten ist es am einfachsten, wenn es sich um Satelliten handelt, die relativ nahe beieinander stehen. Als ein konkretes Beispiel kann hier die „Digitale Multi 4 Sat-Anlage" nach Abb. 3.14/3.15 dienen.

Der Conrad-Electronic-Bausatz aus Abb. 3.14 besteht aus einem 100-cm-Satelliten-Spiegel mit vier Universal-Single-LNBs, einem Digitalreceiver und einem sogenannten „DiSEqC 4/1-Schalter", der nach Abb. 3.15 in Zusammenarbeit mit dem Receiver automatisch jeweils den richtigen (senderbezogenen) LNB auswählt.

Wie aus Abb. 3.15 hervorgeht, ist die eigentliche Schaltung dieser Sat-Anlage ziemlich einfach. Wir werden hier allerdings mit einem neuen Baustein – dem sogenannten DiSEqC-Schalter – konfrontiert. Die etwas komische Zusammensetzung der Buchstaben bei dem „DiSEqC" bezieht sich auf die englische Bezeichnung „Digital Satellite Equipment Control". Dieser Schalter stellt ähnlich wie der bereits beschriebene Multischalter, eine kleine Schaltzentrale dar, die im Vergleich zu den meisten Multischaltern keinen eigenen Netzanschluss benötigt (ihre Spannungsversorgung übernimmt der Receiver).

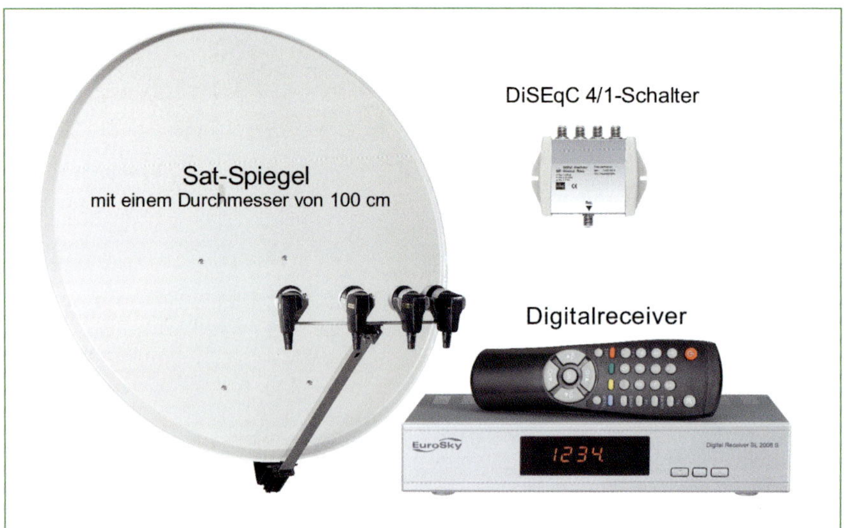

Abb. 3.14: Digital-Komplett-Set einer Sat-Anlage mit vier LNBs für den Empfang von vier Satelliten

Der „DiSEqC-Schalter" macht es möglich, dass zwei oder mehrere LNBs an einen Receiver wahlweise zugeschaltet werden können. Ohne diesen speziellen Schalter würde man bei einer solchen Sat-Anlage mehrere Antennen-Zuleitungskabel zum Receiver benötigen und diese nach Bedarf jeweils an den Antennen-Eingang des Receivers abwechselnd manuell umstecken müssen. Der DiSEqC-Schalter wird automatisch vom Receiver „dirigiert". Der Anwender braucht bei der Fernbedienung des Receivers keine zusätzlichen Schaltvorgänge vorzunehmen, sondern jeweils – wie sonst üblich – einfach nur die Nummer des gewünschten Senders einzutippen.

Für den Empfang von zwei Satelliten (z. B. Astra und Eutelsat) gibt es sogenannte Monoblock-LNBs nach Abb. 3.16, die keinen zusätzlichen externen elektronischen Schalter (DiSEqC-Schalter) benötigen und direkt an einen Receiver angeschlossen werden können. In einem solchen Monoblock-LNB sind zwei unterschiedlich ausgerichtete LNBs bzw. LNB-Sektionen integriert, die typenbezogen in einem Winkel von z. B. 3°, 4,2° oder 6° zueinander stehen.

Monoblock-LNBs sind wahlweise als Single-Monoblocks (zwei Single-LNBs in einem Gehäuse), Twin-

3.3 Empfang mehrerer Satelliten

Monoblocks (zwei Twin-LNBs in einem Gehäuse) oder Quad-Monoblocks (zwei Quad-LNBs in einem Gehäuse) erhältlich. Sie können alle ohne einen zusätzlichen Schalter wie normale Single-, Twin- oder Quad-LNBs direkt an den – oder an die – Receiver nach Abb. 3.17 angeschlossen werden und ermöglichen den Empfang von zwei Satelliten. Die zwei selbstständigen LNBs stehen jedoch – wie bereits erwähnt – in ihrem LNB-Gehäuse in einem fest vorgegebenen Winkel, der nicht veränderbar ist. Daher muss bereits im Planungsstadium geklärt werden, welcher Monoblock-LNB für den Empfang der

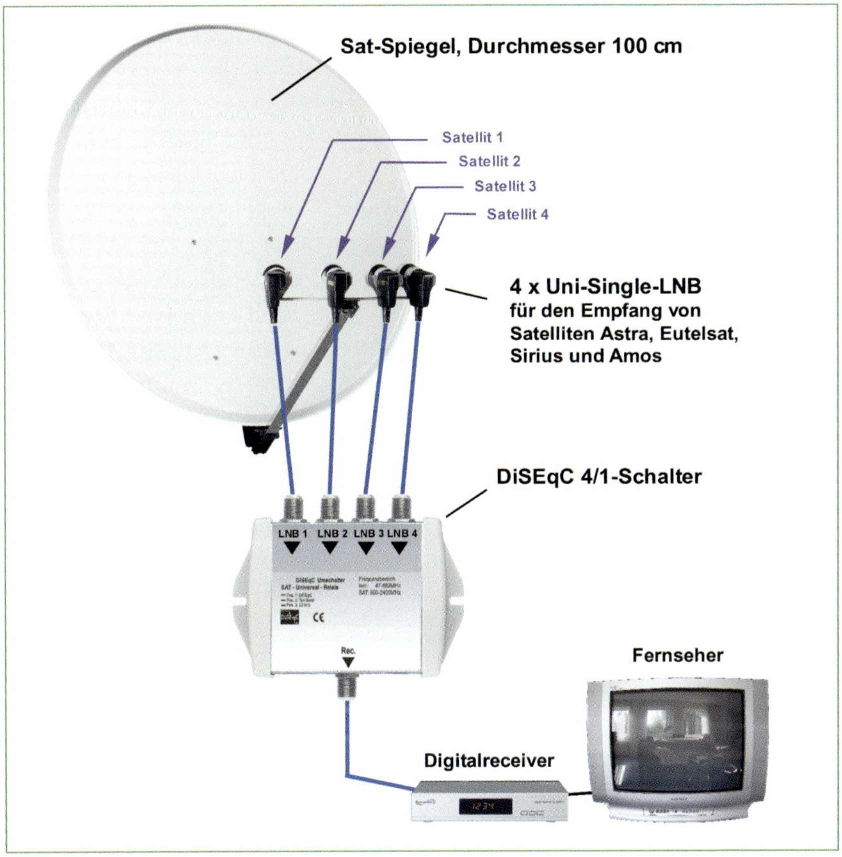

Abb. 3.15: Komplette Schaltung einer digitalen *„Multi 4 Sat-Anlage"*

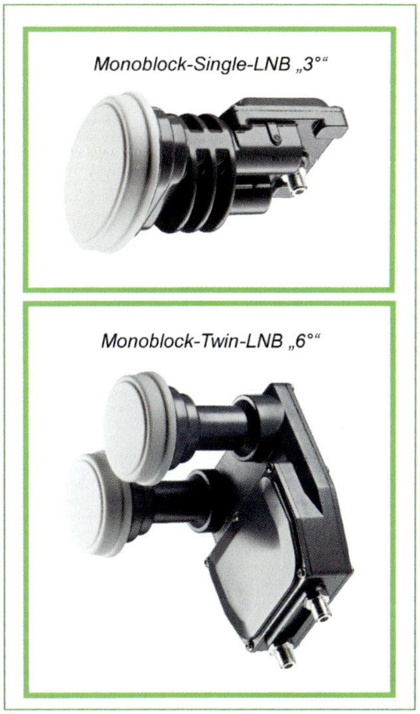

Abb. 3.16: Zwei Ausführungsbeispiele von Monoblock-LNBs: Der oben abgebildete Single-Monoblock ist für einen einzigen Teilnehmer-Anschluss vorgesehen, der unten abgebildete Twin-Monoblock ist für zwei Teilnehmer-Anschlüsse bzw. für einen Receiver mit zwei Tunern (einen „Duo-Receiver") geeignet.

3.3 Empfang mehrerer Satelliten

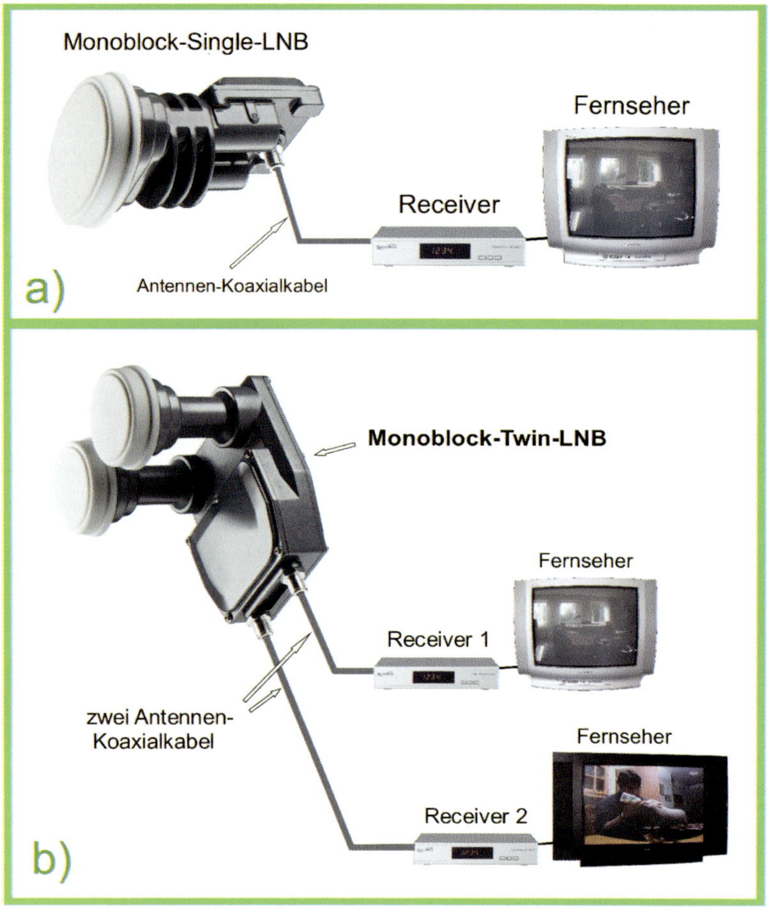

Abb. 3.17: Ein Monoblock-LNB wird ohne einen zusätzlichen Schalter an den Receiver angeschlossen: a) Die Verbindung eines Monoblock-Single-LNBs erfolgt mit einem Antennen-Koaxialkabel; b) ein Monoblock Twin-LNB wird mittels zwei Antennen-Koaxialkabeln mit seinen zwei Receivern verbunden.

vorgesehenen zwei Satelliten standortbezogen optimal geeignet ist.

Bei der Anwendung eines Monoblock-Twin-LNB nach Abb. 3.17b können zwei Teilnehmer unabhängig voneinander jeweils einen von den zwei Satelliten empfangen, auf die die Sat-Antenne mit dem LNB ausgerichtet ist.

Anstelle eines Monoblock-LNB können alternativ auch nur zwei Einzel-LNBs nach Abb. 3.18, 3.20 und 3.21 verwendet werden, die in einem sogenannten Multifeed-Halter (Abb. 3.23) am Sat-Spiegel nebeneinander fixiert sind.

Beim Kauf eines Multifeed-Halters oder eines ganzen Empfangs-Sets für den Empfang von zwei oder mehreren Satelliten müssen Sie selbstverständlich klären, ob Ihr Vorhaben auf diese Weise realisierbar ist. Die dafür erforderlichen Auskünfte erhalten Sie am zuverlässigsten bei dem örtlichen Fachhändler. Es sind dabei Fragen bezüglich der Ausrichtung bzw. des Montage-Winkels der LNBs zu klären (dieser ist z. B. für Hamburg anders als für München) sowie auch die der erforderlichen Größe bzw. Form des Sat-Spiegels.

3.3 Empfang mehrerer Satelliten

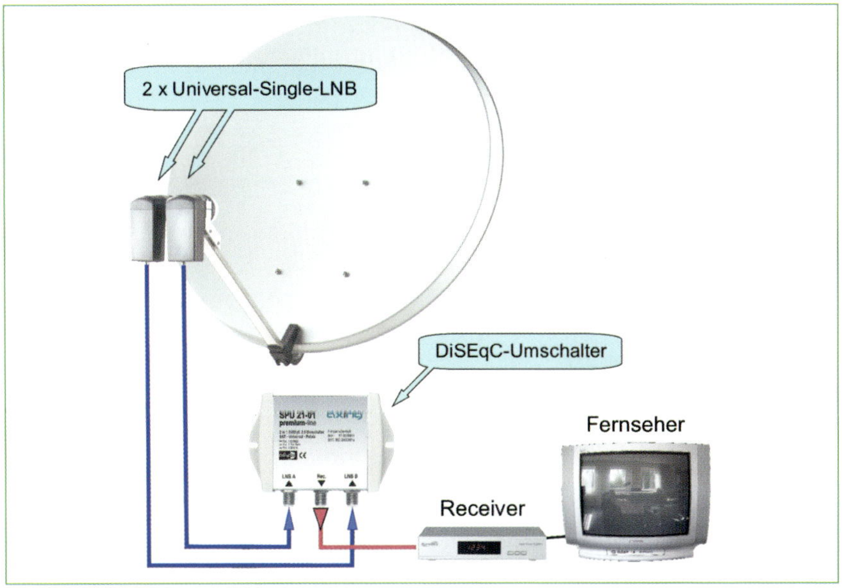

Abb. 3.18: Anschluss-Beispiel einer *„Astra/Eutelsat-Digital-Außeneinheit"*, die als Set inklusive eines *DiESqC-Umschalters* ***für einen Teilnehmer-Anschluss*** erhältlich ist.

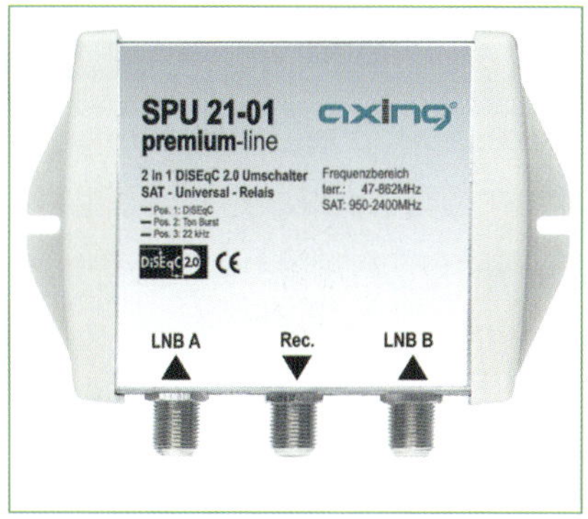

Abb. 3.19: Ausführungsbeispiel eines einfachen *DiESqC Umschalters* für den Anschluss von zwei universalen (digitalen) Single-LNBs und einem Teilnehmer-Ausgang.

Zu beachten

Neben den herkömmlichen Sat-Spiegeln, die die empfangenen Signale in der Regel nur zu einem „Brennpunkt" (gegen den Empfangskopf eines einzigen LNBs) bündeln, gibt es auch spezielle Sat-Spiegel *(Abb. 3.26)*, bei denen die empfangenen Signale (von zwei Satelliten) zu zwei Brennpunkten (= gegen die Empfangsköpfe von zwei LNBs) gebündelt werden. Der Signalgewinn ist somit bei beiden LNBs gleich stark.

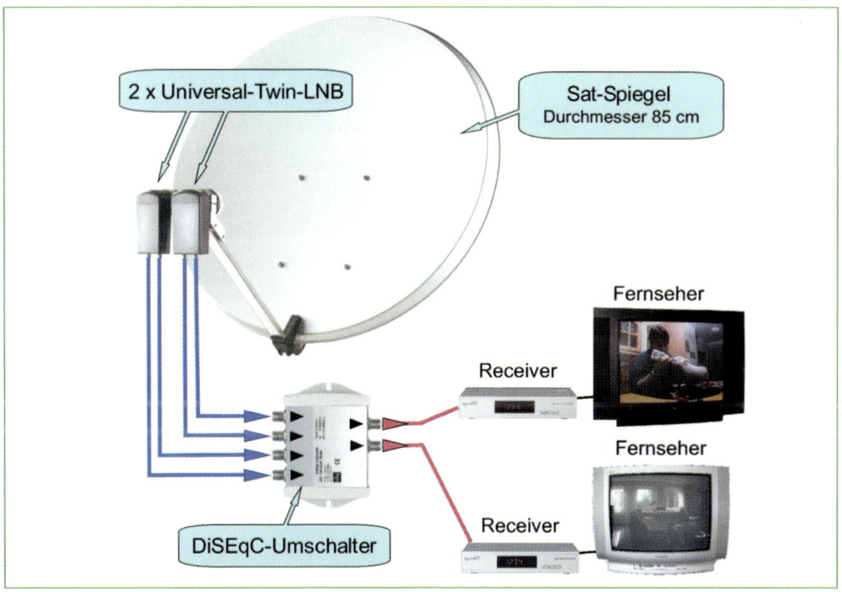

Abb. 3.20: Anschlussbeispiel einer *„Astra/Eutelsat-Digital-Außeneinheit"*, die als Set inklusive eines *DiESqC-Umschalters* ***für zwei Teilnehmer-Anschlüsse*** erhältlich ist.

3.3 Empfang mehrerer Satelliten

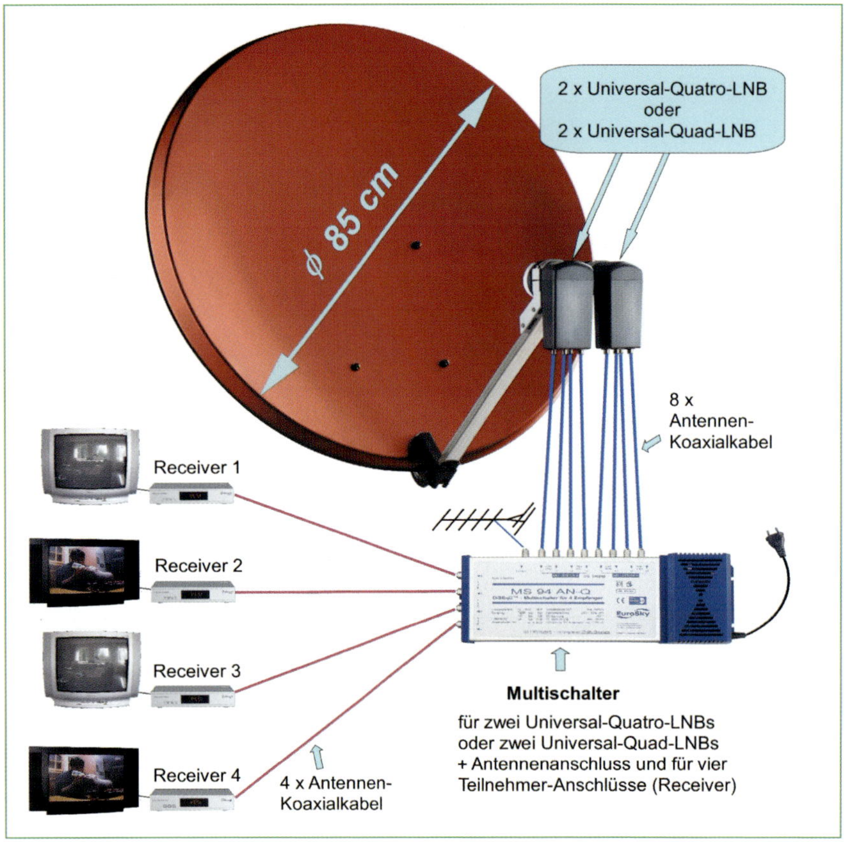

Abb. 3.21: Anschluss-Beispiel einer *„Astra/Eutelsat-Digital-Außeneinheit"*, die anstelle eines einfachen DiESqC-Umschalters einen „passenden" DiESqC-Multischalter (in diesem Fall einen Multischalter mit 2 x 4 Eingängen für Quatro- oder Quad-LNBs und vier Empfänger-Ausgängen) benötigt.

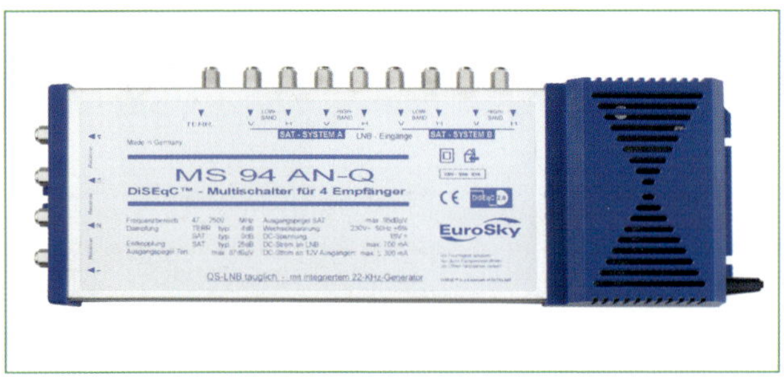

Abb. 3.22: Der Multischalter aus vorhergehender Abbildung in Detailansicht

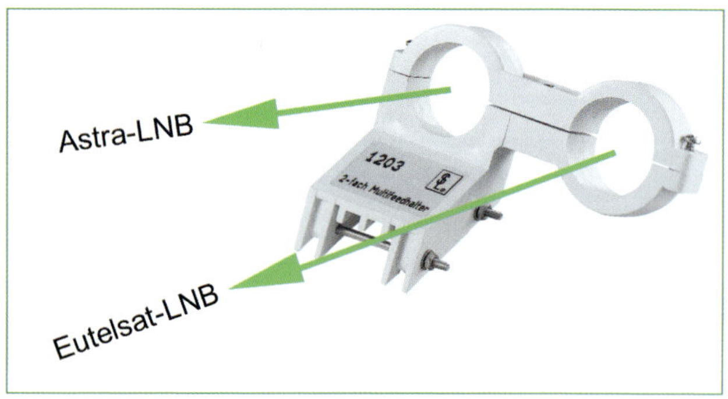

Abb. 3.23: Ausführungsbeispiel eines *2-Fach-Multifeed-Halters* für zwei LNBs, die mit Hilfe dieses Halters auch in einen bereits bestehenden Sat-Spiegel montiert werden können.

3.4 Sat-Anlage mit einem elektrisch schwenkbaren Sat-Spiegel

Ein fernbedient drehbarer Sat-Spiegel ist heutzutage kein unbezahlbarer Luxus mehr. Die benötigten elektrischen Antriebssysteme (Abb. 3.24) sind nicht teuer und diverse kostengünstige Receiver verfügen sogar über eine intelligente Steuerung der Spiegel-Nachführung. Die Installation und vor allem das Programmieren aller Funktionen können jedoch einen unerfahrenen Heimwerker ziemlich überfordern – wenn nicht sogar in den Wahnsinn treiben. Somit dürfte eine derartige Vorrichtung nur für geduldige Tüftler geeignet sein, die aus dem ganzen Projekt ein echtes Hobby machen.

Einige der digitalen Satelliten-Receiver, die für die automatische Steuerung eines elektrisch schwenkbaren Spiegels ausgelegt sind, verfügen über ein Programm für die Motoreinstellung.

So ist z.B. der ***EuroSky***-Receiver *„STB 2006 PVR CI"* von ***Conrad Electronic*** für den Betrieb an einer Drehanlage (DiSEqC-Level 1.2) ausgelegt. Mit Hilfe der DiSEqC-Steuerung hat der Anwender die Möglichkeit, einen entsprechenden Elektromotor des Antennenrotors über das vorhandene Koaxial-Antennenkabel fern zu steuern.

Zu diesem Zweck verfügt der Receiver über ein Menü *„LNB-Konfiguration – DiSEqC-Modus 1.2"* für die erforderlichen individuellen Einstellungen der Positionen des Sat-Spiegels.

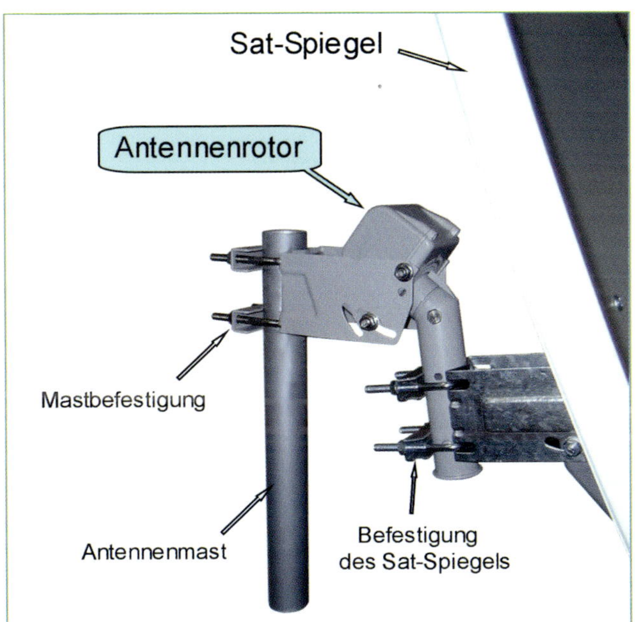

Abb. 3.24: Ausführungsbeispiel eines elektrisch angetriebenen Antennenrotors

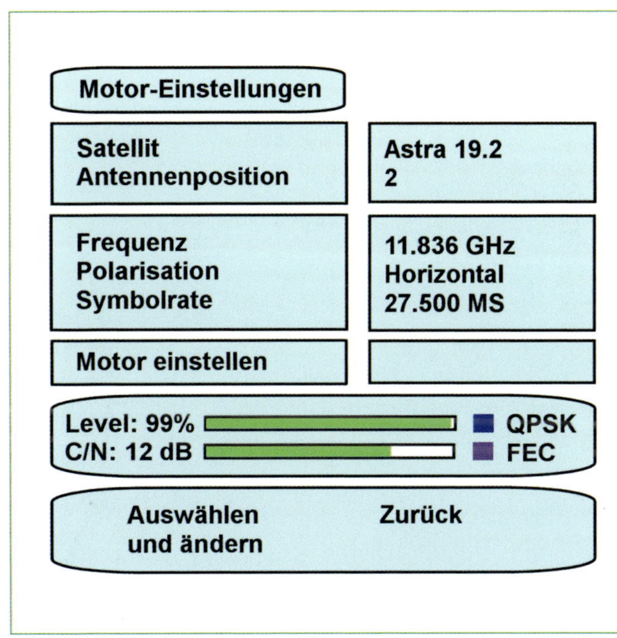

Die Einstellung erfolgt über die Tasten ◄► der Fernbedienung nach den Hinweisen auf dem Bildschirm.

3.5 Der Sat-Spiegel

Aus den vorhergehenden allgemeinen Informationen konnten Sie sich ein genaueres Bild darüber machen, was es auf dem Gebiet der modernen Sat-Anlagen so alles gibt und was man daraus machen kann. Jetzt sehen wir uns etwas näher an, wie die einzelnen Komponenten ausgelegt sind, wie sie funktionieren und worauf bei der Planung und beim Kauf zu achten ist. Wir fangen mit dem Satelliten-Spiegel an, denn der bildet den Grundbaustein einer Sat-Anlage.

Der Spiegel der Satelliten-Antenne fungiert nur als ein Reflektor, der nach Abb. 3.25 die empfangenen Satelliten-Signale gebündelt an den Empfangskopf des LNBs reflektiert. Die meisten der Satelliten-Spiegel sind als so genannte „Offset-Spiegel" (offset = versetzt) ausgelegt, bei denen der LNB gegenüber der Achse des Spiegels so versetzt ist, dass er den empfangenen Signalen nicht im Wege steht – wie Abb. 3.25 oben zeigt.

Die Bündelung der empfangenen elektromagnetischen Wellen ist in der Praxis selten so perfekt, wie in unserer Abb. 3.25 oben grafisch dargestellt wurde, da auch durch die Unebenheiten in der Oberfläche und geringfügige Deformationen des Spiegels ein Teil der Strahlen am LNB vorbei geht. Dies hat zur Folge, dass die Bünde-

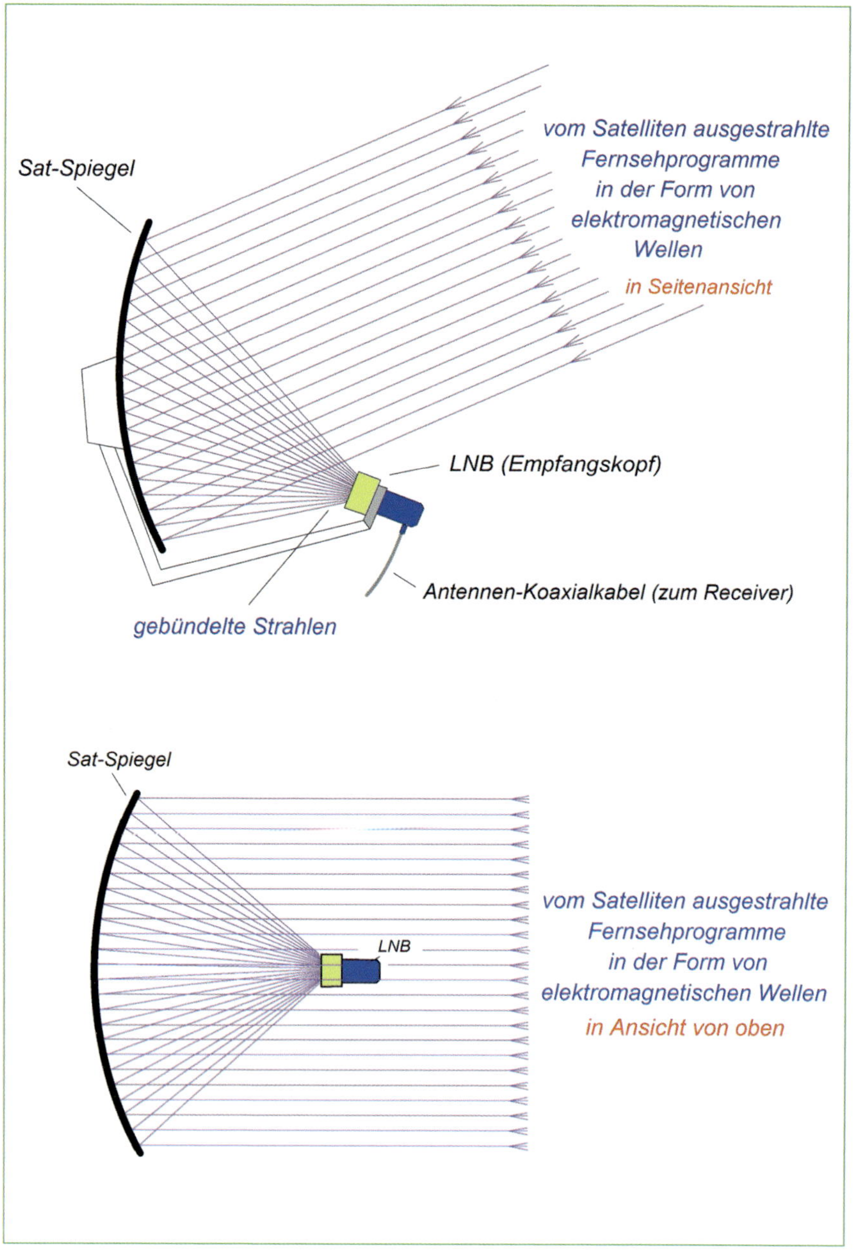

Abb. 3.25: Funktionsweise eines Satelliten-Spiegels

3.5 Der Sat-Spiegel

lung der Strahlen in Wirklichkeit eine Streuung aufweist, von der z. B. profitiert werden kann, wenn zwei bis fünf LNBs vor einem gemeinsamen Sat-Spiegel montiert werden. Der LNB in der Mitte erhält zwar bei einem gut geformten und gut ausgerichteten Sat-Spiegel die höchste Strahlensumme, aber die restlichen LNBs bekommen von dem „Strahlenregen" auch noch etwas ab. Dieses „Etwas" – das technisch elegant als „Signalgewinn" bezeichnet wird – reicht erprobterweise auch noch für bis zu fünf LNBs, wenn der Sat-Spiegel einen Durchmesser von zumindest ∅ 100 cm hat bzw. für zwei bis drei LNBs, wenn der Durchmesser des Sat-Spiegels bei ca. ∅ 85 cm liegt.

Wie wir bereits an anderer Stelle erwähnt haben, gibt es auch spezielle Sat-Spiegel (Abb. 3.26), bei denen sich die Signal-Bündelung zwischen zwei Brennpunkten verteilt, um an zwei LNBs annähernd gleichmäßig starke Signale zu liefern.

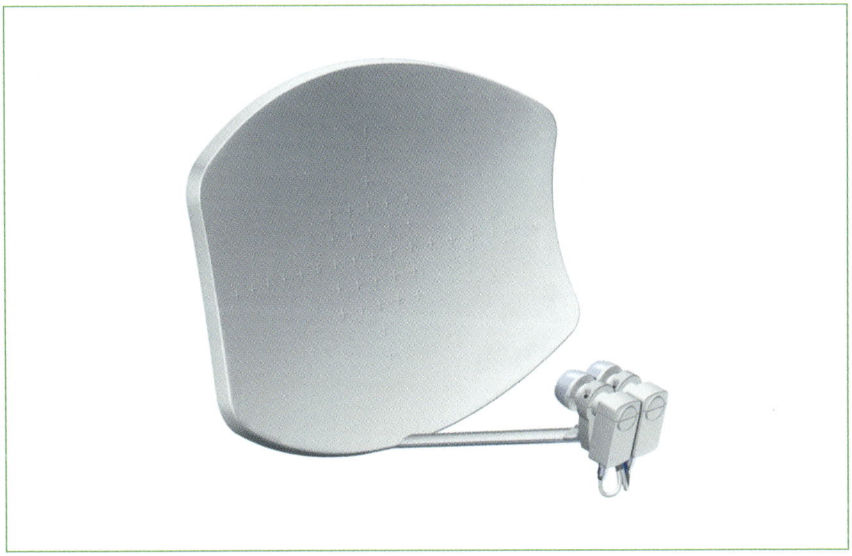

Abb. 3.26: Ausführungsbeispiel eines *„Multifeed-Sat-Spiegels"* für den Empfang von zwei bis drei Satelliten: Dieser Sat-Spiegel ist aus speziellen Polyester/Glasfaser-Verbundstoff (Abmessungen ∅ 75 x 64 cm) gefertigt, bündelt die empfangenen Signale zu zwei Brennpunkten (für die Satelliten Astra und Hotbird) und verfügt über einen Multifeed-Halter für zwei oder (wahlweise) drei LNBs.

3.5.1 Standortwahl für den Sat-Spiegel

Die Ausführung des Satelliten-Spiegels ist sowohl für das analoge als auch für das digitale Fernsehen identisch. Soll eine Satelliten-Anlage von „analog" auf „digital" umgerüstet werden, kann der bestehende Satelliten-Spiegel weiter verwendet werden – vorausgesetzt die Umrüstung bleibt in Hinsicht auf die Anzahl und Anordnung der LNBs in ursprünglicher Konfiguration.

Eine Satelliten-Anlage (Sat-Spiegel + LNB + Receiver) ermöglicht den Empfang aller Fernseh- und Radioprogramme, die der Satellit ausstrahlt, auf den der Sat-Spiegel ausgerichtet ist. Deutsche Unterhaltungsprogramme, die in TV-Zeitschriften aufgeführt sind, strahlt der **Astra-Satellit** aus (genau genommen handelt es sich bei dem „Astra-Satelliten" nicht um einen einzigen Satelliten, sondern um eine Gruppe von mehreren Satelliten, die sich die Aufgaben teilen).

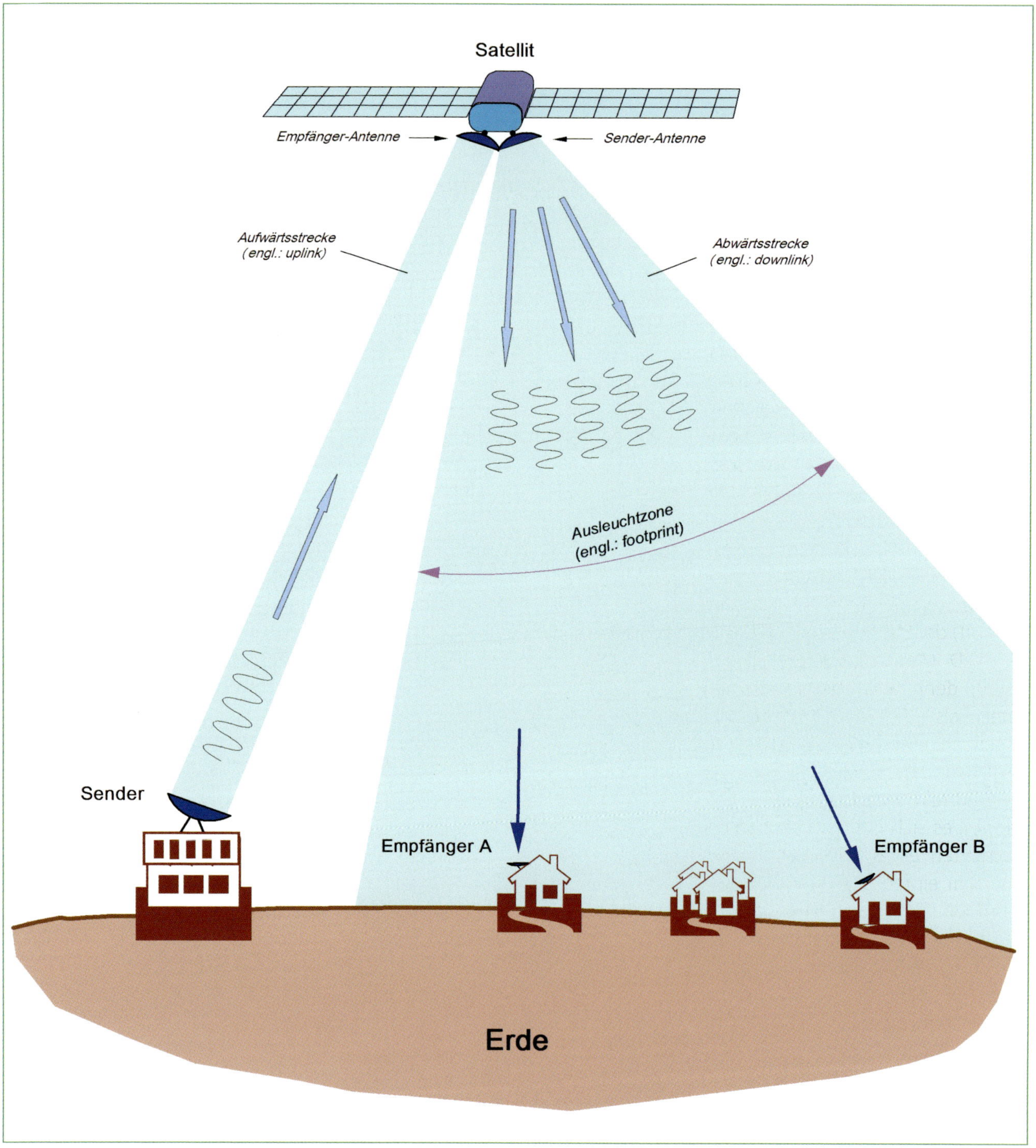

Abb. 3.27: Das Prinzip einer Satelliten-Übertragung: Die einzelnen Sat-Spiegel der Empfänger (Häuser), die sich in der sogenannten Ausleuchtzone befinden, müssen jeweils individuell standortbezogen auf den Satelliten ausgerichtet sein.

3.5 Der Sat-Spiegel

Wie aus Abb. 3.27 hervorgeht, steht zwar der Satellit ziemlich hoch am Himmel, aber dennoch nicht hoch genug, um z. B. in der ganzen Bundesrepublik alle Sat-Spiegel einheitlich ausrichten zu können. Alle Sat-Spiegel sind zwar gegen Süden ausgerichtet (dort hängt irgendwo oben der Satellit am Himmel), aber die Sat-Spiegel in Hamburg sind nur in einem Winkel von 14°, die Sat-Spiegel in München dagegen in einem Winkel von 17° „nach oben" ausgerichtet. Neben dem unterschiedlichen Neigungswinkel ist auch die waagerechte Ausrichtung (Azimut) der Sat-Spiegel im Westen der BRD (Aachen) anders als im Osten, denn auch hier muss der Satellit als „Zielobjekt" richtig angepeilt werden – wie Tabelle 2 zeigt.

Aus rein geometrischer Sicht handelt es sich bei dem optimalen Ausrichten eines Sat-Spiegels um eine sehr einfache Aufgabe. Etwas verwirrend dürfte dabei nur die Frage sein, was und wie man „die Schüssel" genau auf den Satelliten ausrichten sollte. Ist der LNB direkt in die Mitte einer sogenannten Parabolantenne montiert, wird einfach die Achse des Parabolspiegels exakt gegen den Satelliten gerichtet. Eine solche LNB-Anordnung wird zwar bei einigen sehr kleinen oder sehr großen Sat-Antennen ge-

Standort	Azimut/Drehung (Richtungswinkel)	Neigungswinkel (zur Satellitenposition)
Aachen	17° Ost	31°
Augsburg	11° Ost	34°
Bayreuth	10° Ost	33°
Berlin	7° Ost	30°
Bielefeld	13° Ost	30°
Bonn	15° Ost	31°
Braunschweig	11° Ost	30°
Bremen	13° Ost	29°
Cottbus	6° Ost	31°
Dortmund	15° Ost	30°
Dresden	7° Ost	31°
Duisburg	16° Ost	30°
Düsseldorf	16° Ost	30°
Essen	17° Ost	31°
Eisenach	11° Ost	31°
Erfurt	10° Ost	31°
Frankfurt am Main	14° Ost	32°
Frankfurt a.d. Oder	6° Ost	30°
Freiburg	15° Ost	34°
Gera	9° Ost	32°
Görlitz	5° Ost	31°
Göttingen	12° Ost	30°
Greifswald	7° Ost	28°
Halle a.d. Saale	9° Ost	31°
Hamburg	11° Ost	28°
Hannover	12° Ost	30°
Heidelberg	14° Ost	33°
Hildesheim	12° Ost	30°
Kaiserslautern	15° Ost	32°
Karlstadt	12° Ost	32°
Karlsruhe	14° Ost	33°
Kassel	12° Ost	31°
Kiel	11° Ost	28°
Koblenz	15° Ost	31°
Köln	16° Ost	30°
Krefeld	16° Ost	30°
Leipzig	9° Ost	31°
Leverkusen	16° Ost	31°

Tabelle 2: Standortbezogene Azimute und Neigungswinkel für das Ausrichten eines Sat-Spiegels auf den Astra-Satelliten im Orbit (Fortsetzung nächste Seite)

3.5 Der Sat-Spiegel

Standort	Azimut/Drehung (Richtungswinkel)	Neigungswinkel (zur Satellitenposition)
Ludwigshafen	14° Ost	32°
Lübeck	10° Ost	28°
Magdeburg	9° Ost	30°
Mainz	14° Ost	32°
Mannheim	14° Ost	32°
München	10° Ost	34°
Neubrandenburg	7° Ost	29°
Nürnberg	11° Ost	33°
Oberhausen	16° Ost	30°
Oldenburg/Hol.	10° Ost	28°
Oldenburg/Old.	14° Ost	29°
Osnabrück	14° Ost	29°
Passau	7° Ost	34°
Potsdam	8° Ost	30°
Regensburg	16° Ost	30°
Rostock	9° Ost	28°
Saarbrücken	16° Ost	32°
Salzgitter	11° Ost	30°
Salzwedel	10° Ost	29°
Schwerin	10° Ost	28°
Solingen	15° Ost	30°
Stendal	9° Ost	30°
Stralsund	7° Ost	28°
Stuttgart	13° Ost	33°
Trier	16° Ost	32°
Weimar	10° Ost	31°
Wiedenbrück	14° Ost	30°
Wiesbaden	13° Ost	32°
Wilhelmshaven	14° Ost	28°
Wismar	9° Ost	32°
Würzburg	12° Ost	32°
Wuppertal	15° Ost	30°
Zwickau	9° Ost	32°

Bemerkung: Azimut *ist der Winkel einer waagrechten Drehung des Sat-Spiegels („Ost"= in östlicher Richtung)*
Hinweis: *Dieser Neigungswinkel bezieht sich nicht auf die eigentliche Neigung des Sat-Spiegels, sondern auf die Position des Satelliten im Orbit*

Tabelle 2 (Fortsetzung): Standortbezogene Azimute und Neigungswinkel für das Ausrichten eines Sat-Spiegels auf den Astra-Satelliten im Orbit

handhabt, aber fast alle Sat-Antennen der handelsüblichen gängigen Größen sind als sogenannte Offset-Antennen ausgelegt (offset = engl. versetzt). Bei diesen Antennen ist der LNB versetzt vor dem Spiegel so angebracht, dass er den von dem Satelliten ankommenden Signalen nicht im Wege steht und diese ohne Verluste empfangen kann – wie wir bereits diversen Abbildungen, darunter der Skizze aus Abb. 3.25 (oben) entnehmen konnten.

Im Zusammenhang mit der Standortwahl geht es jedoch nur darum, dass zwischen dem Sat-Spiegel und dem Satelliten kein Hindernis – bzw. kein zu großes Hindernis – sein darf. Falls dies nicht durch eine einfache Schätzung feststellbar ist, können Sie es mit Hilfe der Tabelle 2 auf folgende Weise ziemlich genau nachmessen:

a) Wenn Sie nicht zufällig in einer der Städte wohnen, die in der *Tabelle 2* aufgeführt sind, ist für Ihren Standort die am nächsten liegende Stadt aus der Tabelle bestimmend. Sie können selbstverständlich auch für Ihren Standort einen Durchschnittswert von zwei oder drei der am nächsten liegenden Städte nehmen. Da es sich bei der Bestimmung eines Durchschnittswertes höchstens nur um Abwei-

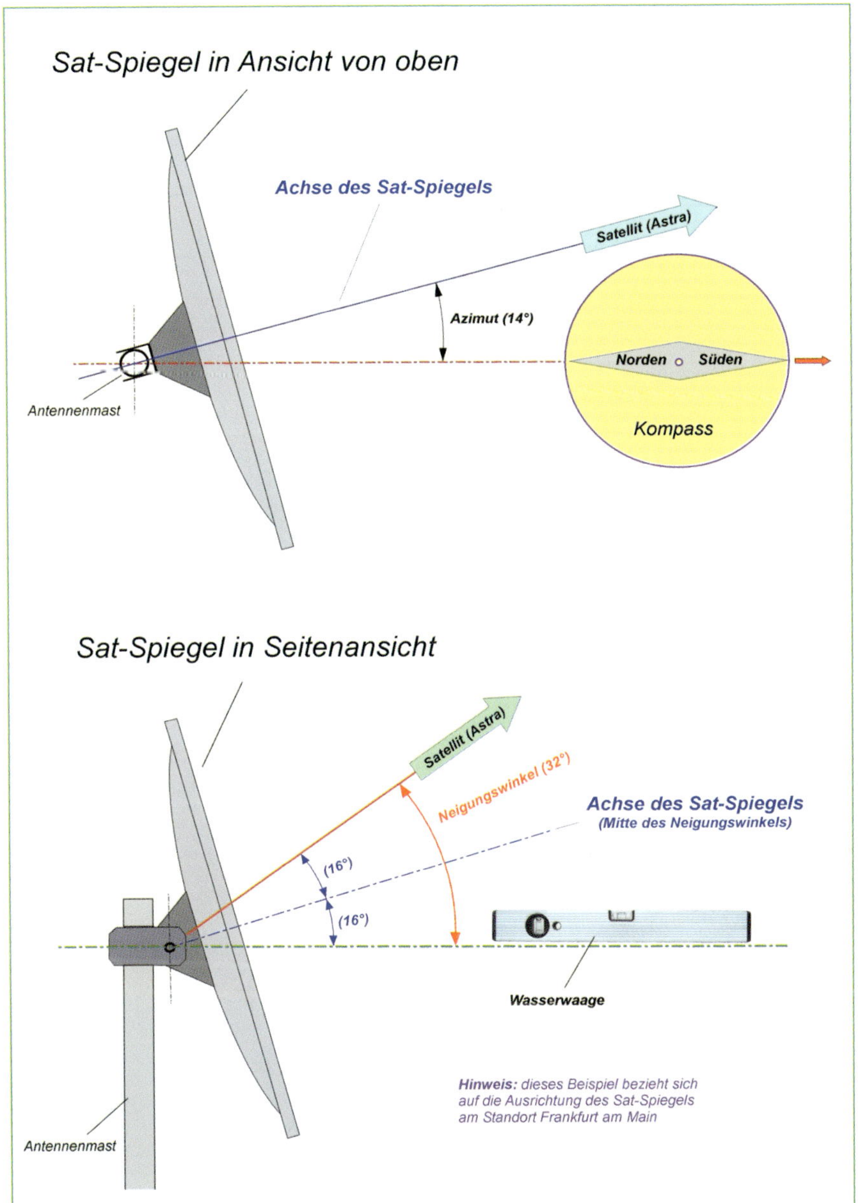

Abb. 3.28: Der in *Tabelle 2* angegebene Azimut und der Neigungswinkel sind für die Anpeilung des Satelliten „Astra" bestimmend.

chungen von etwa ¼° bis ½° handeln dürfte, wird es die Genauigkeit einer solchen Kontrollmessung kaum gefährden.

b) Der in *Tabelle 2* angegebene Azimut bezieht sich auf die waagerechte Ausrichtung des Spiegels zum Süden (in Ansicht von oben). Sie können sich z. B. mit Hilfe eines einfachen Winkelmessers den in der Tabelle angegebenen Azimut nach *Abb. 3.29* auf ein Stück Pappe (etwa in Schuhkarton-Größe) zeichnen, um danach rein optisch kontrollieren zu können, ob sich in der Richtung (in unserem Beispiel in Richtung des rot markierten Randes) kein Hindernis zwischen dem vorgesehenen Standort des Sat-Spiegels und dem Satelliten befindet. Merken Sie sich die ermittelte Richtung (orientieren Sie sich dabei an einem beliebigen Objekt). Beispiel: für die Stadt Aachen beträgt dieser Azimut 17° „Ost", für Berlin 7° „Ost" usw.

c) Gibt es Zweifel daran, ob die ersichtlichen Hindernisse für den Sat-Empfang nicht zu hoch sind, kann es mit Hilfe des in *Tabelle 2* angegebenen Neigungswinkels z. B. folgendermaßen kontrolliert werden: Schneiden Sie sich nochmals aus einem

Stück Pappe ein Dreieck nach *Abb. 3.30* aus, kleben Sie es, wie abgebildet, mit zwei Streifen Klebeband an eine Wasserwaage fest und kontrollieren Sie dann „zielend" mit der Dreiecks-Kante (die wir in der Zeichnung mit einem rotem Strich markiert haben), ob es mit der „freien Bahn" zum Satelliten klappt. Die Wasserwaage muss dabei in exakt waagerechter Position gehalten werden und das „Zielen auf den Satelliten" muss selbstverständlich auch in der Richtung des vorher ermittelten Azimuts erfolgen.

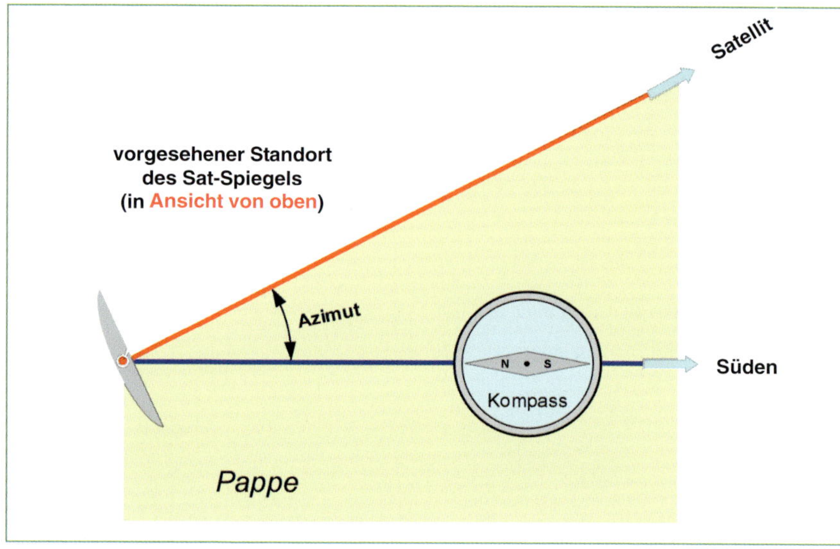

Abb. 3.29: Zeichnen Sie den erforderlichen Winkel auf ein Stück Pappe, schneiden Sie diese wie abgebildet aus, legen einen Kompass auf die blau eingezeichnete Linie, die zum Süden ausgerichtet wird und kontrollieren Sie danach, ob in Richtung des Satelliten (rot eingezeichnete Linie) kein zu hohes Hindernis steht.

Alles klar? Sollte sich bei dieser Kontrolle herausstellen, dass es mit dem vorgesehenen Standort für den Sat-Spiegel nicht klappt, muss ein anderer, passender Standort gefunden werden.

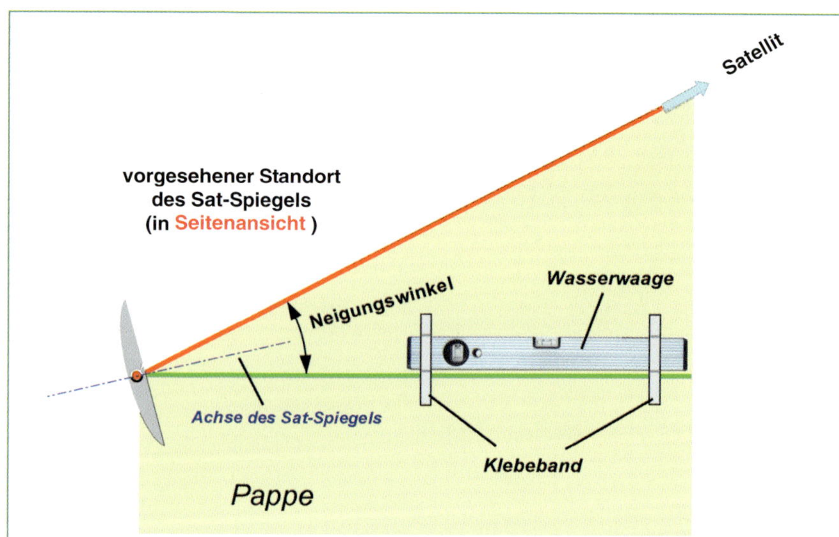

Abb. 3.30: Kontrolle der „freien Strecke" zum Satelliten in senkrechter Richtung

3.5.2 Die richtige Wahl des Sat-Spiegels

Die Strahlensumme der vom Satelliten empfangenen Fernseh- und Radiosignale, die der Sat-Spiegel an den LNB reflektiert, hängt verständlicherweise prinzipiell von der Flächengröße und der Formgenauigkeit des Spiegels ab. Was die Formgenauigkeit des Spiegels anbelangt, darf man nur gutmütig

3.5 Der Sat-Spiegel

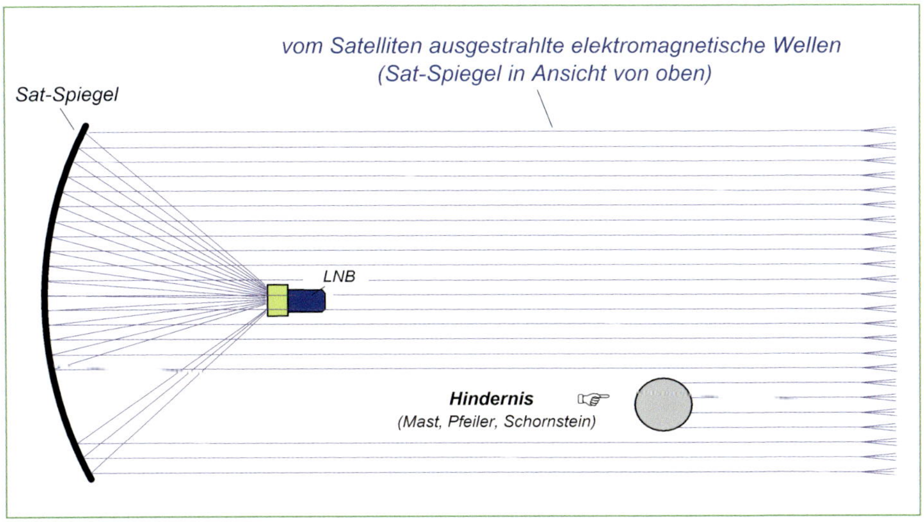

Abb. 3.31: Wenn teilweise ein Hindernis zwischen dem Sat-Spiegel und den Satelliten steht, verringert es die aktive Fläche des Sat-Spiegels und schwächt (geometrisch bedingt) proportional auch die Stärke des Signals, das der LNB erhält.

annehmen, dass sie der Hersteller angemessen „zweckorientiert" bewältigt hat, denn kontrollierbar ist sie beim Kauf nicht. Bei einer Neuanschaffung bleibt somit meist nur noch die Frage des optimalen Spiegel-Durchmessers offen.

Für den optimalen Empfang eines einzigen Satelliten genügt bei guten Empfangsbedingungen ein Sat-Spiegel-Durchmesser von ca. Ø 80 bis 85 cm. Ist für den Spiegel ein Quad-LNB oder ein Monoblock-LNB (ein LNB-Duo) vorgesehen, sollte der Sat-Spiegel bevorzugt einen Durchmesser von mindestens Ø 85 cm betragen. Sind drei bis fünf LNBs für einen gängigen Sat-Spiegel vorgesehen, sollte sein Durchmesser bevorzugt nicht unterhalb von Ø 100 cm liegen. Alternativ kann z. B. für den Empfang von zwei oder drei Satelliten auch der spezielle Sat-Spiegel aus Abb. 3.26 angewendet werden, der die empfangenen Signale zu zwei bis drei Brennpunkten reflektiert und somit auch bei etwas kleineren Abmessungen einen gleichmäßig starken Signalgewinn von beiden – bzw. von allen drei – Satelliten gewährleistet.

Der Sat-Spiegel kann bekanntlich die vom Satelliten gesendeten Signale nur dann empfangen, wenn zwischen ihm und dem Satelliten kein Hindernis bzw. kein allzu großes Hindernis steht. Dieser Vorbedingung muss sich der Standort des Sat-Spiegels unterordnen. Bevor Sie eine Neuinstallation vornehmen, sehen Sie sich erst zur Information die Ausrichtungen der Sat-Spiegel Ihrer Nachbarn an. Bestehen danach Bedenken, dass Ihr Sat-Spiegel auf dem für ihn geplanten Standort keine „freie Sicht" in Richtung des Astra-Satelliten haben würde, ist ein genaueres Nachmessen fällig.

Ein etwas größerer Durchmesser des Spiegels kann unter Umständen auch dann von Vorteil sein, wenn sich zwischen dem Spiegel und dem Satelliten ein kleineres Hindernis (Abb. 3.31) befindet, dem nicht ausgewichen werden kann und das eindeutig nur einen kleinen Teil der Empfangsfläche des Spiegels abschirmt. Der Verlust der vom Hindernis abgeschirmten (beschatteten) Fläche kann durch die Vergrößerung des Sat-Spiegels behoben werden. Was darunter konkret zu verstehen ist, erläutert das folgende Beispiel:

Angenommen, ein Hindernis beschattet ein Drittel der Fläche eines Sat-Spiegels, der einen Durchmesser von Ø 100 cm hat. Die volle Fläche dieses Sat-Spiegels

3.5 Der Sat-Spiegel

beträgt **7850 cm²** (nach der Formel $\pi.r^2$). Die Fläche eines Sat-Spiegels, der einen Durchmesser von z. B. Ø 80 cm hat, beträgt **5024 cm²**. In beiden Fällen handelt es sich zwar nicht um volle aktive (reflektierende) Flächen, denn die (abgerundeten) Ränder der „Schüsseln" machen als Reflektoren nicht mit, aber das ist für einen groben Vergleich beider Flächen nicht relevant: Die Fläche des 100-cm-Spiegels ist um ca. 56 % größer als die Fläche des 80-cm-Spiegels. Beschattet ein Hindernis etwa 1/3 der Fläche des größeren 100-cm-Spiegels, empfängt sein LNB das Satelliten-Signal genau so schwach (bzw. genau so stark), als wäre es an einem nur 80 cm großen Satelliten-Spiegel montiert, vor dem keine Hindernisse stehen. Eine solche Lösung reicht für einen guten Empfang von einem Satelliten völlig aus. Sie kommt selbstverständlich nur dann in Betracht, wenn der Standort des Sat-Spiegels durch bauliche Gegebenheiten nicht verändert werden kann bzw. wenn da kein Spielraum vorhanden ist.

Bei unserer zeichnerischen Darstellung der Spiegel-Abschirmung in Abb. 3.31 beschattet das eingezeichnete Hindernis schätzungsweise weniger als ein Viertel der Fläche des eingezeichneten Spiegels. Der Empfang wäre in dem Fall zumindest genauso gut, als wenn anstelle des 100-cm-Spiegels nur ein 85-cm-Spiegel verwendet würde, vor dem sich kein Hindernis befindet und der vollflächig das gesendete Fernsehprogramm empfängt und gegen den LNB reflektiert.

Eine ähnliche Lösung bietet sich z. B. auch dann an, wenn nach Abb. 3.32 teilweise ein Hausdach als Hindernis zwischen dem Sender-Satelliten und der Empfangsantenne steht.

Zu den „gemeinsten" Hindernissen gehören auch elektrische Hochspannungs-Freileitungen und Bäume.

Die meisten der handelsüblichen Sat-Spiegel sind rund und ihre

Abb. 3.32: Solange ein Hindernis nicht mehr als ca. ein Drittel der Fläche eines 100-cm-Satelliten-Spiegels abschirmt, empfängt der LNB ein Signal, das zumindest ähnlich stark ist wie das eines Sat-Spiegels, dessen Durchmesser nur 80 bis 85 cm betragen würde.

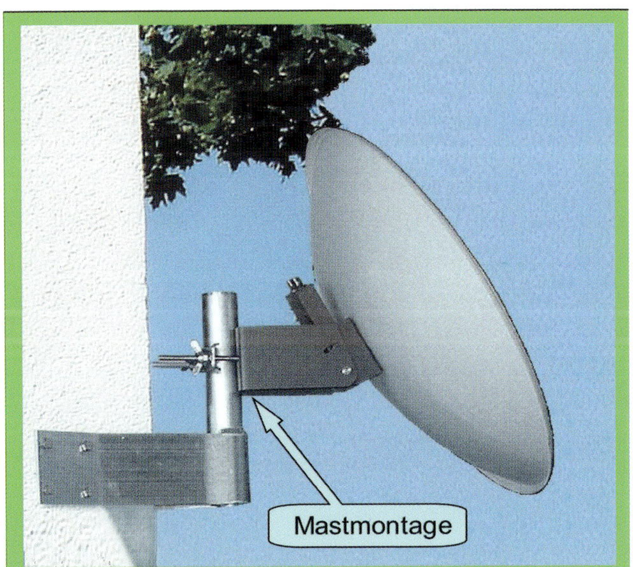

Durchmesser liegen zwischen ca. Ø 35 cm und Ø 100 cm. Sie werden alle mit den dazugehörenden Halterungen des LNBs – die als Feed-Halterungen bezeichnet werden – wahlweise sowohl ohne LNBs als auch mit den passenden LNBs vertrieben.

Achten Sie bitte beim Kauf eines neuen Sat-Spiegels unbedingt auch darauf, für welche Art(en) der Montage er vorgesehen ist und welche Montage-Halterungen bereits als Zubehör im Preis inbegriffen sind. Bei vielen (nicht aber bei allen) Sat-Spiegeln befinden sich z. B. als Standard-Zubehör Halterungen für die Montage auf eine Wand (Abb. 3.33 oben) und auf einen Mast (Abb. 3.33 unten). Verschaffen Sie sich vor dem Kauf Klarheit darüber, wo und wie Sie den Sat-Spiegel montieren werden.

In Zusammenhang mit der Anschaffung eines Sat-Spiegels sollten auch die Farbe, das Material und die Form angesprochen werden:

- Ein Sat-Spiegel wirkt sich auf die architektonische Harmonie eines Hauses immer als ein ästhetisch störender Fremdkörper aus. Mit Ausnahme von Häusern, an denen man sowieso nichts mehr verschandeln kann, sollte daher angestrebt werden, dass der Sat-Spiegel möglichst wenig auffallend und optisch wenig störend in das Objekt integriert wird. Aus dieser Sicht müsste der Sat-Spiegel bevorzugt dieselbe Farbe haben wie sein Hintergrund. Das klappt im Allgemeinen bestenfalls annähernd, denn mit der Auswahl der Farben ist es bei handelsüblichen Sat-Spiegeln nicht gerade umwerfend. Man kann aber beim Kauf dennoch zwischen meh-

Abb. 3.33: *oben* – Am leichtesten kann der Sat-Spiegel auf eine Hauswand montiert werden: vier Dübel + vier Schrauben und die Montage ist fertig; *unten*: Beispiel einer Sat-Spiegel-Befestigung auf einem Mast, der mit einer speziellen Konsole an einem Hauseck montiert ist.

3.5 Der Sat-Spiegel

reren Farben wählen und die günstigste der zur Verfügung stehenden Farben auswählen.

- Die Mehrzahl der Sat-Spiegel wird aus Stahl, ein kleinerer Teil aus Aluminium oder Kunststoff gefertigt. Aluminium und Kunststoff rosten nicht und sind als Rohmaterial nur geringfügig teurer als Stahl. Aus dieser Sicht dürfte z. B. einem Aluminium-Satelliten-Spiegel Vorrang vor einem stählernen Spiegel eingeräumt werden. In ländlichen Gegenden und in Gebieten, in denen die Luft noch relativ rein ist, sehen jedoch die meisten stählernen (eisernen) Sat-Spiegel auch noch nach zehn bis fünfzehn Jahren fast wie neu aus – vorausgesetzt, der Hersteller hat nicht an einer soliden Oberflächenbehandlung gespart. Etwas kritischer ist es mit dem Rosten der Sat-Spiegel (und ihres zu sparsam verzinkten Zubehörs) in Gebieten, in denen die Luft z. B. von der chemischen Industrie schwer verunreinigt ist. Hier dürfte ein Aluminium- oder ein Kunststoff-Sat-Spiegel vorteilhaft sein. Allerdings nur dann, wenn auch sein komplettes Montage-Zubehör aus rostfreiem Material ist, denn verzinkte oder plastifizierte Eisenteile fangen da oft schon nach einigen Jahren zu rosten an, wodurch der ganze Spaß mit einem „nicht rostenden" Sat-Spiegel verdorben wird.
- Die Form des Sat-Spiegels kann wahlweise auch z. B. rechteckig sein, insofern sie die empfangenen Signale zu dem LNB-Empfangskopf ausreichend gut bündelt. Wenn es die baulichen Gegebenheiten erfordern, kann ein geschickter Heimwerker z. B. von einem Ø 100-cm-Satellitenspiegel links und rechts senkrecht zwei gleich große Teile nach *Abb. 3.34* abschneiden, um den Spiegel raumsparend unterbringen zu können. Wenn dadurch bei einem Sat-Spiegel mit einem Durchmesser von Ø 100 cm höchstens ca. 1/3 von der Gesamtfläche verloren gehen, funktioniert der „abgemagerte" Sat-Spiegel immer noch ähnlich gut wie ein „intakter" Sat-Spiegel, dessen Durchmesser ca. Ø 85 cm beträgt.

Eine derartig „brutale" Speziallösung kann beispielsweise eine bessere Nutzung eines kleinen Balkons oder eines anderen schmalen Standortes ermöglichen. **Vor** einem solchen **Absägen** der Spiegelteile müssten jedoch die zwei neu entstehenden Ränder z. B. mit einem maßgerecht verbogenem Profil (U-Profil) verstärkt werden, um zu verhindern, dass sich der Spiegel durch die innere Spannung nach dem Absägen verbiegt.

Eventuelle Deformierung hätte ansonsten zur Folge, dass ein Teil der empfangenen Strahlen nicht mehr optimal reflektiert wird und nicht an den Empfangskopf des LNBs gelangt, wodurch das vom LNB an den Receiver gelieferte Signal zu schwach sein könnte. Da wir in diesen Zusammenhang die Bezeichnung „geschickter Handwer-

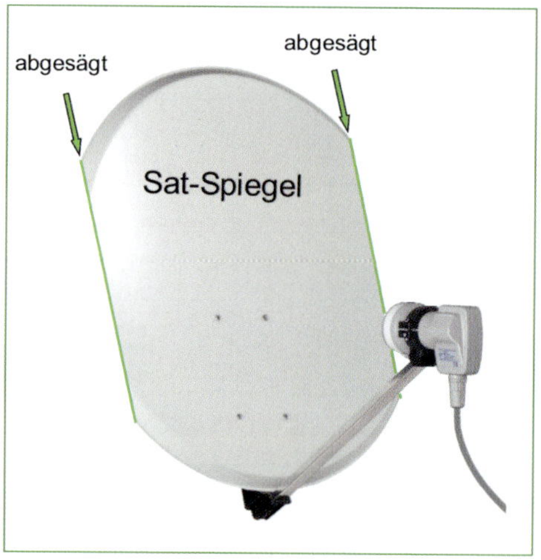

Abb. 3.34: Ein Satellitenspiegel darf unter Umständen etwas zugeschnitten werden, wenn danach seine Fläche groß genug bleibt, um noch ein ausreichend starkes Signal an den LNB gebündelt reflektieren zu können.

ker" verwendet haben, ergibt sich daraus automatisch, dass die Ränder eines derartig verschlankten Sat-Spiegels auch ordentlich bearbeitet und mit passender Farbe geschützt werden.

3.5.3 Montage des Sat-Spiegels

Wie bereits an anderer Stelle erläutert wurde, sind alle Sat-Spiegel so konstruiert, dass sie um ihre waagerechte Achse gedreht und um ihre senkrechte Achse geschwenkt werden können, um sich gegen den Satelliten optimal ausrichten zu lassen. Abb. 3.35 zeigt an einem konkreten Beispiel, wie einfach sich der Sat-Spiegel einstellen lässt. Das optimale Ausrichten des Sat-Spiegels zum Satelliten wird zwar in so manchen Selbstbau-Anleitungen ziemlich kompliziert beschrieben, lässt sich jedoch in der Praxis völlig problemlos binnen weniger Minuten – und ohne Messinstrumente – machen.

Ist der Sat-Spiegel auf den vorgesehenen Satelliten optimal ausgerichtet, reflektiert und bündelt er die empfangenen Funkwellen auf den Empfängerkopf (LNB). Der Haltearm (Feed-Halter) des LNB ist bereits vom Hersteller des Sat-Spiegels so konstruiert, dass der Kopf des LNB nur in der für ihn vorgesehenen Klemme (und somit auch nur in die richtige Position) montiert werden kann. Eine zusätzliche Einstellung des LNB ist daher nicht erforderlich – was den Selbstbau vereinfacht.

Am leichtesten lässt sich der Sat-Spiegel auf eine Hausmauer bzw. auf einen Giebel anbringen. Das kann in vielen Fällen eine sehr einfache, in anderen eine nur schwer lösbare Aufgabe sein, denn die Voraussetzung, dass zwischen dem Sat-Spiegel und dem Satelliten kein Hindernis sein darf, erschwert die Wahl des Standortes.

Bei der Suche nach einem passenden Standort ist davon auszugehen, dass es völlig egal ist, wie hoch oder wie tief der Sat-Spiegel platziert wird. Hauptsache es gibt keine Hindernisse zwischen ihm und dem Satelliten. Das gilt selbstverständlich auch für den Empfang von mehreren Satelliten, denn das Prinzip einer „freien Sicht" zwischen dem Sender und dem Empfänger ist hier eine Vorbedingung, die sich nicht mit irgendwelchen einfachen Tricks umgehen lässt.

Abb. 3.35: Jeder Sat-Spiegel kann nach Lockerung einiger weniger Schrauben sowohl waagerecht gedreht als auch senkrecht geschwenkt werden und lässt sich leicht auf den Satelliten ausrichten, wenn er entsprechend nach Süden installiert ist.

Da es auf die Qualität des Empfangs keinen Einfluss hat, ob der Sat-Spiegel hoch auf einem Dach oder tief auf einem Balkon bzw. im Garten installiert wird, bietet sich selbstverständlich der Weg an, der sowohl die Installation als auch eine eventuelle Wartung erleichtert.

Wo sich der Sender-Satellit am Himmel befindet, kann man nicht mit bloßen Augen ausfindig machen. Im einfachsten Fall genügt es jedoch, wenn man sich an der Ausrichtung der „Sat-Schüsseln" in der Nachbarschaft orientiert. Solange in der vorgesehenen Rich-

3.5 Der Sat-Spiegel

Hinweis

Wenn Sie mit der Installation einer Sat-Anlage noch keine Erfahrung haben und ein solches Anliegen dennoch eigenhändig in Angriff nehmen möchten, sehen Sie sich einfach erst in Ihrer Umgebung an, wie da die Satellitenschüsseln angebracht und montiert sind. Das kann Ihnen so manche Überlegungen erleichtern und dürfte sich zudem als inspirierend erweisen.

tung (vom Sat-Spiegel zum Astra-Satelliten) genügend Spielraum für eine spätere Ausrichtung des Spiegels vorhanden ist, darf auf genauere vorhergehende Prüfungen des exakten Spiegel-Standortes verzichtet werden (siehe hierzu Hinweise auf Seite 53 bis 56 zur Überprüfung der Tauglichkeit eines „Schüssel-Standortes", bei dem nicht eindeutig feststeht, dass zwischen ihm und den Satelliten kein Hindernis steht).

Bei den Überlegungen bezüglich der **Standort-Wahl** für den Sat-Spiegel sind folgende Aspekte zu berücksichtigen:

- Ein zu hoch montierter Sat-Spiegel erschwert sowohl die Installation als auch eventuelle Reparaturen, Umrüstungen oder die gelegentliche Befreiung von angewehtem Schnee.
- Ein zu niedrig installierter Sat-Spiegel kann oft als ein architektonisch unzumutbarer Fremdkörper das Haus verschandeln und unter Umständen auch Beschädigungen ausgesetzt wer-

Abb. 3.36: Am leichtesten lässt sich ein Sat-Spiegel auf eine Hausmauer anbringen.

den, die bei diversen Außenarbeiten (Gartenarbeiten) nicht zu vermeiden sind.

- Auch wenn Sie schwindelfrei und gelenkig sind, sollten Sie es nach Möglichkeit vermeiden, den Sat-Spiegel direkt auf dem Dach so zu montieren, dass dabei die Dachhaut in Mitleidenschaft gezogen wird. Dies gilt vor allem für Dächer, bei denen unter den Dachziegeln eine wasserdichte Dachpappen-Dachhaut verlegt wurde, die sich in der Praxis nur ziemlich schwer

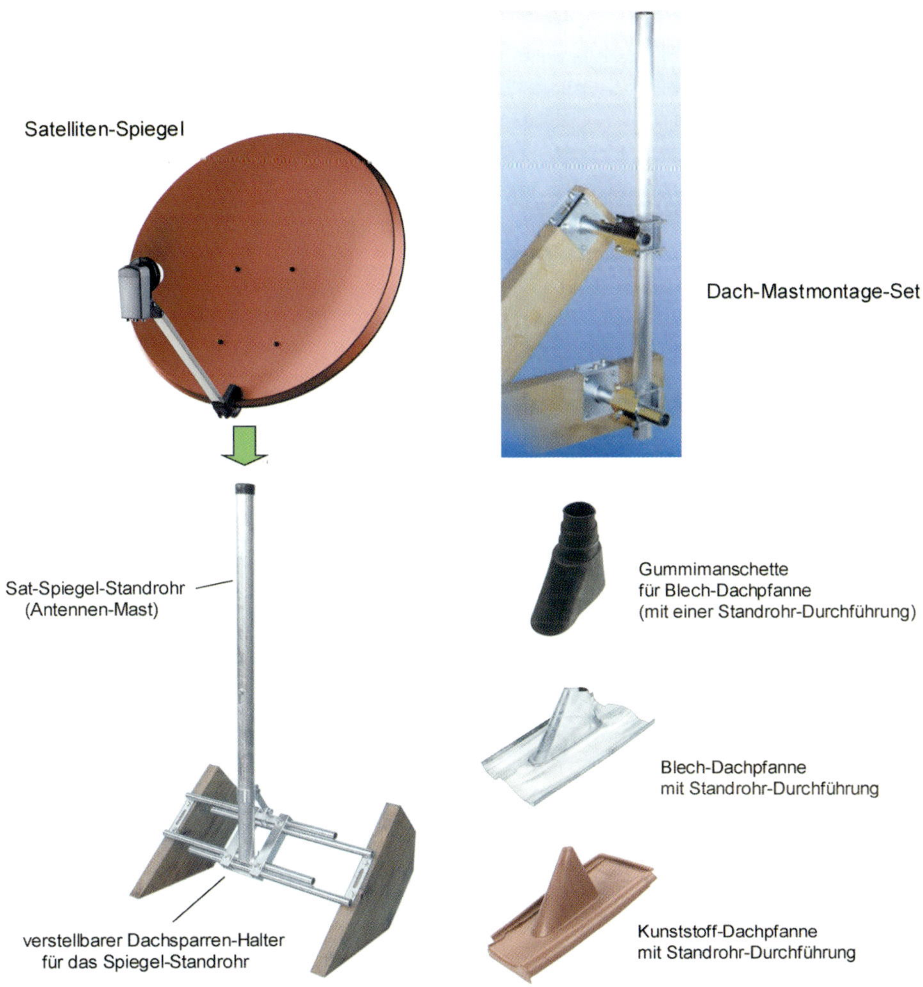

Abb. 3.37: Für die Montage der Sat-Spiegel auf Dächer gibt es eine große Auswahl an handelsüblichen Montage-Materialien.

3.5 Der Sat-Spiegel

so wiederherstellen lässt, dass anschließend kein Wasser mehr durchsickert.

- Ist am Dach bereits ein Antennenmast vorhanden, erübrigen sich die vorhergehenden Überlegungen und Befürchtungen. Um die Dachhaut nicht unnötig zu strapazieren, sollte geprüft werden, ob sich das Antennen-Koaxialkabel nicht innen durch den Mast ins Haus hineinführen lässt.
- Wenn sich in Ihrem Fall eine Montage des Sat-Spiegels am Dach nicht umgehen lässt, sehen Sie sich auf dem Dachboden genauer an, wie und wo Sie eventuell ein handelsübliches Dach-Mastmontage-Set *(Abb. 3.37)* anbringen können, ohne dass vorher das „halbe Dach" auseinander genommen werden müsste. Sie werden sich dabei oft vorher die Mühe mit dem Entfernen der inneren thermischen Dachisolierung machen müssen, um alles genau ausmessen zu können. Tun Sie es nicht, kann sich bei der Montage herausstellen, dass sich der gekaufte Dachsparren-Masthalter für Ihr Vorhaben gar nicht eignet oder dass er aufwendig umgebaut werden muss.
- Beziehen Sie bitte in Ihre Planungsüberlegungen auch den eventuellen Blitzschutz des Sat-Spiegels ein, der anschließend (auf Seite 74) näher erläutert wird.
- Mit dem Durchmesser des Sat-Spiegels steigt auch das Risiko, dass dieser bei einem kräftigen Sturm umgerissen, abgerissen oder zumindest von der eingestellten Empfangsrichtung zu oft weggedreht wird. Der Standort eines größeren Sat-Spiegels sollte daher bevorzugt so gewählt werden, dass dieser nicht den kräftigen Winden ausgesetzt ist, die aus der Haupt-Windrichtung kommen.
- Es heißt zwar, dass kein Baum bis in den Himmel wächst, aber manche Bäume können dennoch ziemlich schnell wachsen und eines Tages zu einem störenden Hindernis zwischen Ihrem Sat-Spiegel und dem Satelliten werden. Dies ist bei der Errichtung einer Sat-Anlage bzw. beim Pflanzen von Bäumen auf eigenem Grundstück mit zu berücksichtigen.
- Für eine zuverlässige Befestigung des Sat-Spiegels können an manchen Standorten speziellere Montage-Materialien erforderlich sein, die nicht handelsüblich sind. Wenn Sie nicht über die Erfahrung eines Tüftlers verfügen, der sich in solchen Situationen selber behelfen kann, gehen Sie lieber bei der Wahl des passenden Standortes für Ihren Sat-Spiegel von den Halterungen aus, die entweder als direktes Zubehör oder zumindest optional als Standard-Produkte erhältlich sind, von denen wir uns nun einige näher ansehen:

Abb. 3.38: Für die Durchführung eines Dachantennen-Standrohrs eignet sich am besten ein „echter" Ton- oder Beton-Dachziegel derselben Type, wie die bestehenden Dachziegel, der samt einer Gummi-Manschette im Baustoffhandel erhältlich ist (der Preis ist zwar oft schockierend hoch, aber die Abdichtung ist auf diese Weise optimal).

3.5 Der Sat-Spiegel

Beim Bohren in eine Mauer rutscht ein dickerer Steinbohrer oft aus, was den Spaß an der ganzen Sache verderben kann. Solche Misserfolge lassen sich dadurch verhindern, dass die vorgesehenen Löcher für die Befestigungsdübel erst mit einem ca. ∅ 4 mm dünnen Stein- oder Betonbohrer maßgerecht nach Abb. 3.43 vorge-

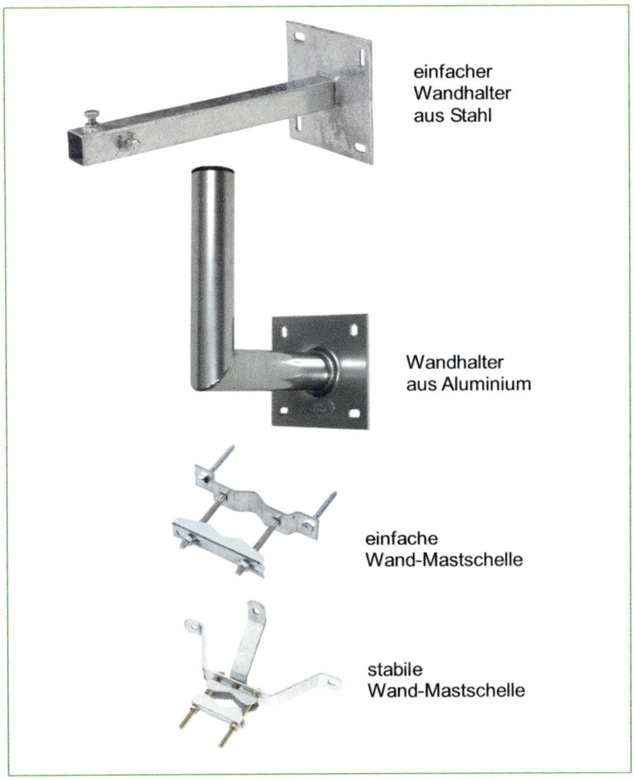

Abb. 3.39: Insofern bei einem Sat-Spiegel keine brauchbare Wandhalterung als Zubehör dabei ist, kann sie in der passenden Ausführung separat gekauft werden.

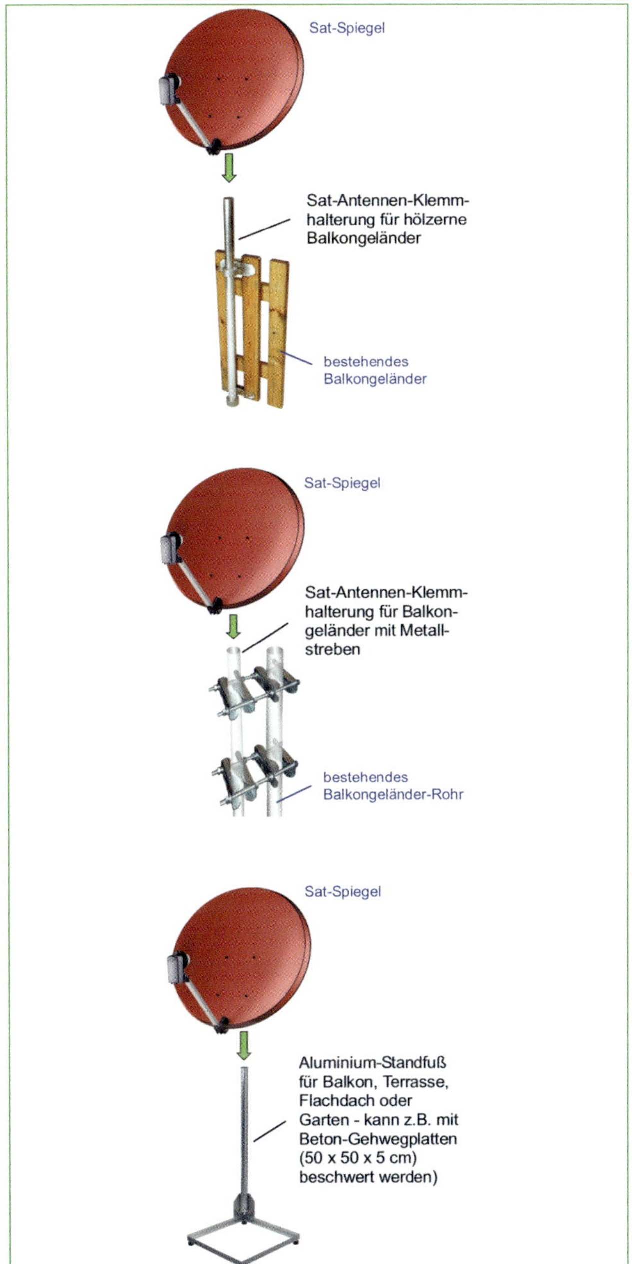

Abb. 3.40: Für die Installation eines Sat-Spiegels auf dem Balkon gibt es ein ziemlich breites Angebot an verschiedensten Halterungen.

3.5 Der Sat-Spiegel

Abb. 3.41: a) Hauseck-Wandhalter aus Aluminium; b) Ausführungsbeispiel eines „Mastauslegers", mit dessen Hilfe der Sat-Spiegel an einen bestehenden Mast montiert werden kann.

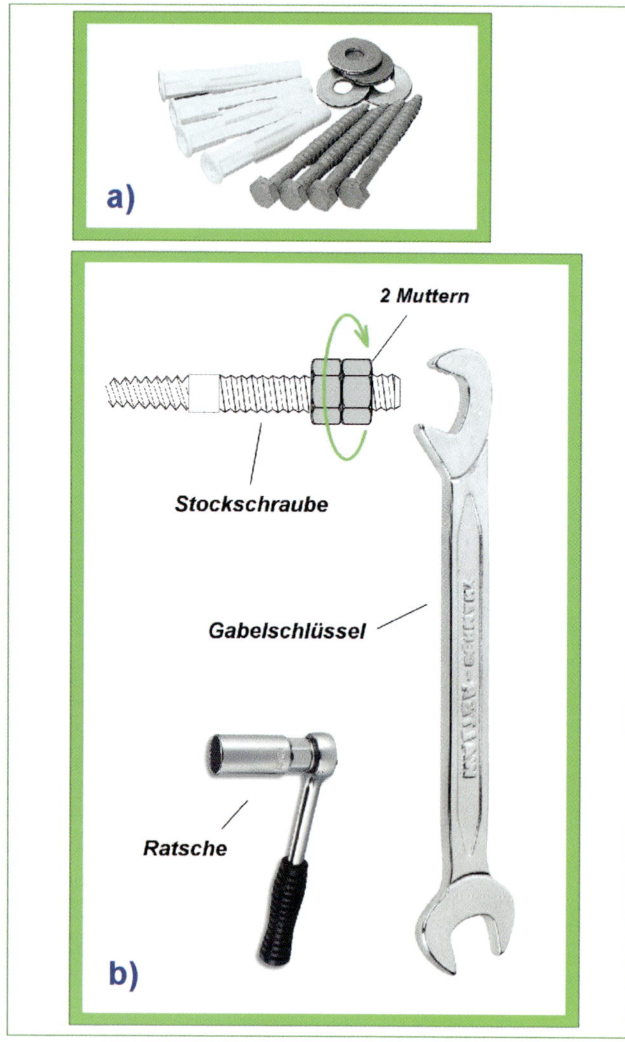

Abb. 3.42: a) Für das Befestigen der Wandhalterung eines Sat-Spiegels sind meist nur vier Schrauben mit vier Unterlegscheiben und vier passenden Dübeln erforderlich, die oft als übliches Zubehör eines neuen Sat-Spiegels dabei sind, manchmal jedoch separat gekauft werden müssen; b) Stockschrauben (= Schrauben ohne „Kopf") können einfach mit Hilfe von zwei fest zusammengedrehten Muttern in die Mauerdübel mit einem Gabelschlüssel oder mit einer Ratsche eingeschraubt werden.

3.5 Der Sat-Spiegel

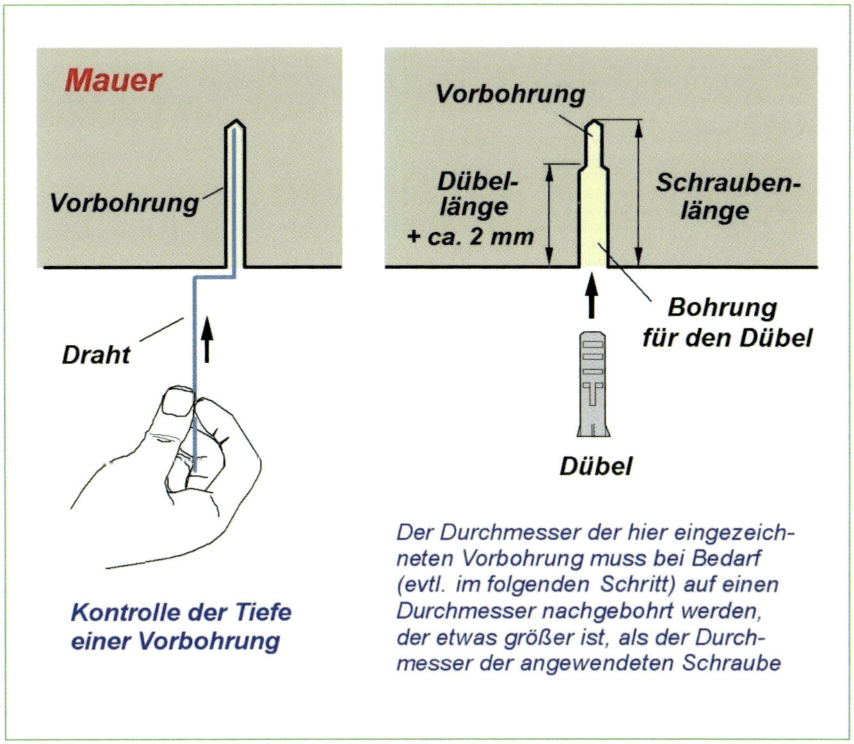

Abb. 3.43: Die Bohrungen für Dübel sollten bevorzugt immer erst mit einem dünneren Bohrer (Steinbohrer) vorgebohrt werden, bevor die darauf folgende Bohrung auf den vollen Dübel-Durchmesser abgestimmt wird, da auf diese Weise das seitliche Abrutschen eines „zu dicken" Bohrers vermieden wird.

bohrt werden. Manchmal muss bei einer solchen Vorbohrung der Bohrer seitlich in die richtige Position hineingedrückt werden. Wenn anschließend die Vorbohrung nur auf den Durchmesser der angewendeten Schraube vergrößert wird und für den Dübel nur eine angemessen tiefe, passende Bohrung durchgeführt wird, rutscht nachher der Dübel nicht zu tief in die Bohrung hinein und bietet somit einen besseren Halt.

Falls Sie etwas Ähnliches noch niemals gemacht haben, können Sie sich folgendes Montage-Beispiel ansehen:

Wie bereits erwähnt, wird in den meisten Fällen der Sat-Spiegel an die Hauswand (oft oben am Giebel) angebracht, wie z. B. bereits das Foto in Abb. 3.36 (auf Seite 60) zeigt. Die dafür benötigte Konsole liegt den meisten Sat-Spiegeln bei. Für die Wandmontage eines Sat-Spiegels sind meist nur vier Schrauben (mit vier Unterlegscheiben und vier Dübeln) erforderlich, die ein gewissenhafter Hersteller üblicherweise gleich mit dem Sat-Spiegel verpackt. Wenn nicht, dann müssen Sie selber passende Schrauben mit Zubehör entweder in Ihren Vorräten oder im Handel ausfindig machen.

Wichtig

Für derartige Befestigungen sollten grundsätzlich Schrauben mit Sechskantkopf (*Abb. 3.42a*) verwendet werden, da sie sich mit einem Gabel- oder Ringschlüssel (noch bequemer geht es mit einer Ratsche) ausreichend festdrehen lassen – was bei Schrauben mit Schlitz oder mit einem Kreuzkopf nicht der Fall ist.

Für die Montage von kleineren Sat-Spiegeln (bis zu etwa ∅ 80 cm) genügen kleinere Holzschrauben 60 x 6 bis 70 x 8 mit Sechskantkopf, Unterlegscheiben und ∅ 10-mm-Dübeln nach Abb. 3.42a, wenn die Mauer (der Mörtel und Fugenmörtel) fest genug ist. Für größere Sat-Spiegel ab ca. ∅ 85 cm garantieren Holzschrauben 80 x 8 mit ∅ 8-mm-Unterlegscheiben und 10- bis 12-mm-Dübeln einen besseren Halt.

3.5 Der Sat-Spiegel

Erforderliches Werkzeug:

a) Ring- oder Gabelschlüssel (ca. 10 bis 13 mm)

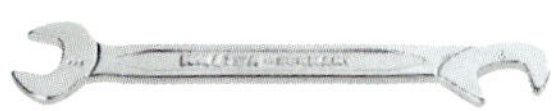

b) Schlagbohrmaschine (ab ca. 800 Watt)

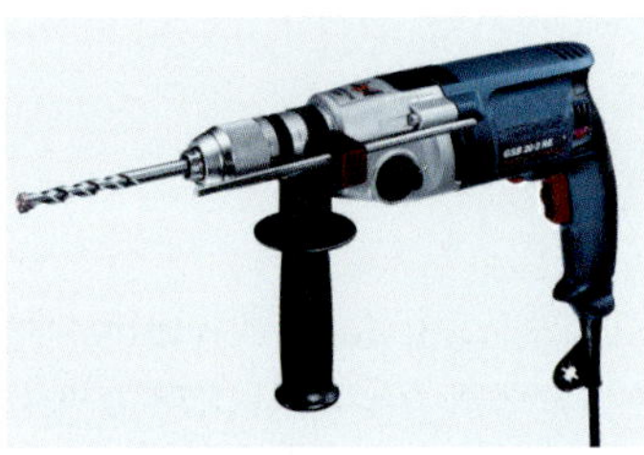

c) Steinbohrer ∅ 4, 6, 10 bzw. 12 mm

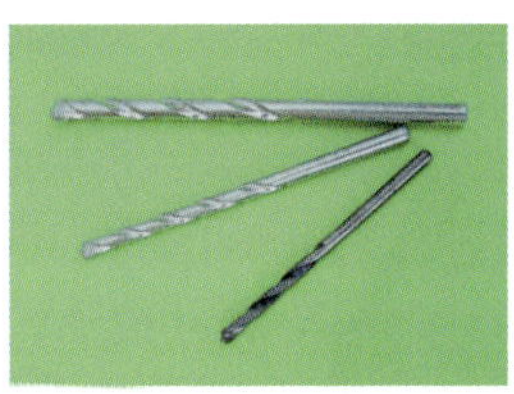

d) Wasserwaage + Lineal

Benötigtes Material:

passende Schrauben, Unterlegscheiben und Dübel

Benötigte Arbeitszeit:

ca. 30 Minuten „netto"

Die eigentliche Montage kann in folgenden Schritten vorgenommen werden:

Vorbereitung

Nachdem Sie den Standort bestimmt haben, bereiten Sie sich die in der Tabelle aufgeführten Werkzeuge und Materialien vor. Legen Sie sich auch einen Gabel- oder Ringschlüssel zurecht, der auf den Sechskantkopf der Montage-Schrauben passt.

Schritt 1

Ausmessen

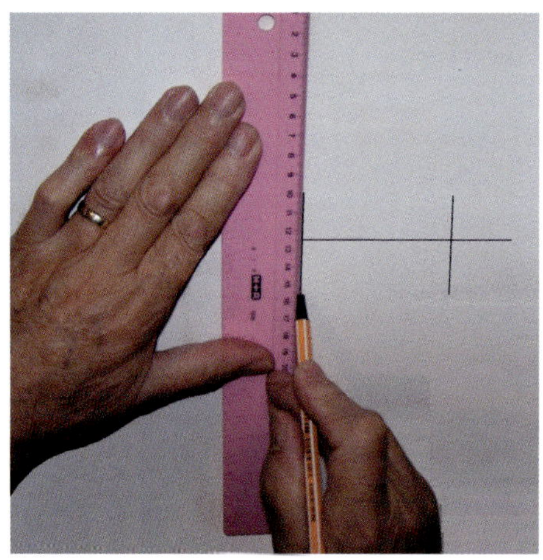

Messen Sie alles genau aus und markieren Sie sich ebenfalls „haargenau" mit je einem Kreuz die Punkte für die Dübel-Bohrungen. Benutzen Sie dabei die Wasserwaage und streben Sie dabei an, alles wirklich millimetergenau zu machen. Das „Endergebnis" wird zwar trotz aller Anstrengungen nicht ausgesprochen millimetergenau sein (das lässt sich beim Bohren in eine Mauer nicht erzielen), aber wenn man erst gar nicht versucht, präzise zu arbeiten, wird am Ende alles noch viel ungenauer.

Schritt 2

Vorbohren

Für eine bessere „Treffsicherheit" ist es von Vorteil, wenn Sie die Bohrungen für die Mauerdübel erst mit einem ca. ∅ 4 mm dünnen Steinbohrer vorbohren und anschließend schrittweise mit Steinbohrern „vergrößern", deren Durchmesser z. B. in Stufen von ∅ 6 mm, ∅ 8 mm und ∅ 10 mm verläuft. Wenn Sie dabei darauf achten, dass Ihnen der Bohrer beim Boh-

ren nicht von der Mitte des ursprünglich eingezeichneten Kreuzes wegrutscht, werden die Bohrungen für die Dübel in der Mauer relativ genau (bzw. „brauchbar" genau) dort sitzen, wo sie sitzen sollen.

Schritt 3

Montage

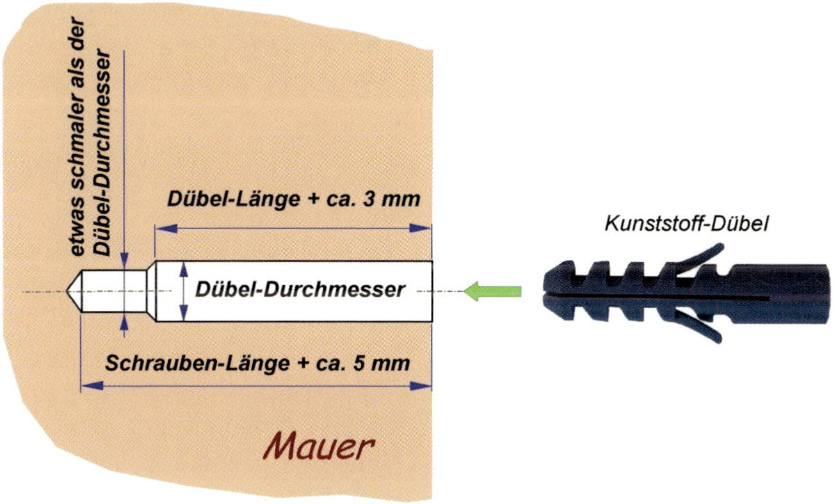

Hinweis

Den meisten Sat-Spiegel-Halterungen liegen leicht verständliche Montage-Anleitungen bei, nach denen Sie sich bei der Montage Ihres Sat-Spiegels richten bzw. diese mit unseren Vorschlägen kombinieren können. Stoßen Sie dennoch bei der Montage auf Probleme, fragen Sie sich einfach (auch telefonisch) bei dem Händler bzw. bei dem Fachmarkt so lange durch, bis Ihnen alles klar und deutlich ist, denn auch hier gilt: „Wer viel fragt, der erfährt auch viel".

Achten Sie bei der „vorletzten" Bohrung darauf, dass diese mindestens so tief wird, wie die Schraube lang ist (messen Sie es z. B. mit einem Stück Draht jeweils nach). Es ist ärgerlich, wenn sich bei der Montage herausstellt, dass sich eine Schraube nicht ganz einschrauben lässt, weil das Loch nicht tief genug ist. Markieren Sie sich vor der letzen (definitiven) Bohrung auf dem Steinbohrer mit einem Filzstift die Dübel-Länge. Diese letzten Bohrungen, die identisch mit dem Dübel-Durchmesser sind, sollten nur um ca. 2 bis 3 mm tiefer sein, als unbedingt notwendig wäre. Achten Sie aber darauf, dass keine dieser Bohrungen zu wenig tief wird, da sich ansonsten der Dübel nicht voll in die Mauer hineindrücken lässt.

Apropos: Wenn sich die Dübel in die Mauer nicht „gewaltlos" hineindrücken lassen, können sie mit einem kleinen Hammer (und mit etwas Gefühl) in die Mauer hineingeklopft werden.

Schrauben Sie anschließend die Halterung des Sat-Spiegels an die Mauer. Verwenden Sie dazu bevorzugt eine Ratsche (falls vorhanden), einen Ring- oder Gabelschlüssel. Drehen Sie dabei alle Schrauben (im Uhrzeigersinn) vorerst nur sehr leicht zu. Sobald alle perfekt sitzen, drehen Sie sie im Kreuz (diagonal) kräftig fest: Bei einer Befestigung mit vier Schrauben wird – im Uhrzeigersinn betrachtet – erst die Schraube Nr. 1, danach die Schrauben Nr. 3, anschließend Schraube Nr. 2 und dann Schraube Nr. 4 festgedreht.

3.5.4 Optimale Ausrichtung des Sat-Spiegels

Das Ausrichten des Sat-Spiegels auf den Satelliten ist ein einfaches Anliegen, aber der ganze Spaß wird etwas dadurch verdorben, dass man den Satelliten nicht sehen kann. Ein ähnliches Problem hat aber jeder Kanonier, der sich nur „blind" nach dem angegebenen Azimut und nach der Neigung des Kanonen-Laufs richten muss, um das vorgesehene Ziel zu treffen.

Da man beim Ausrichten des Sat-Spiegels nicht auf den Satelliten schießen will und auch nicht auf Anhieb das Ziel zu treffen braucht, kann das ganze Vorhaben in aller Ruhe überlegt und vorbereitet werden.

Profis wenden zu diesem Zweck einfache Satelliten-Finder an, von denen einige auch durch Piepsen ein schnelles Auffinden des Sat-Spiegels erleichtern und durch Anzeigen der Signalstärke auch ein perfektes Ausrichten des Spiegels auf den Satelliten ermöglichen. Die meisten Receiver verfügen zum Glück über eine spezielle „**Signalpegel-Anzeige**" bzw. über eine **„Signalstärke und Signalqualitäts-Anzeige"** die als „Satelliten-Sucher" fungiert. Sie müssen jedoch den Sat-Spiegel zumindest ungefähr in die Richtung des gesuchten Satelliten (in den meisten Fällen des Astra-Satelliten) positionieren. Für eine grobe Einstellung des Spiegels genügt es, wenn Sie sich – wie bereits erwähnt wurde – an den Ausrichtungen der „Schüssel" Ihrer Nachbarn orientieren – vorausgesetzt es handelt sich um Nachbarn, die an den Programmen des deutschsprachigen Satelliten „Astra" interessiert sind.

Das Anzeigen der Stärke des empfangenen Satelliten-Signals erfolgt auf dem Receiver erst dann, wenn der Sat-Spiegel zumindest ungefähr gegen den Satelliten ausgerichtet ist. Der eigentliche Vorgang wurde teilweise bereits im Zusammenhang mit der Standort-Wahl für den Sat-Spiegel erklärt – aber das galt nur für die Ermittlung des „Freiraums" zwischen dem Sat-Spiegel und dem Satelliten. Diese Art der Ausrichtung wäre zwar auch für einen Sat-Spiegel anwendbar, bei dem der LNB in der Mitte (in der Spiegel-Achse) montiert ist – was jedoch, wie schon an anderer Stelle angesprochen wurde, nur ausnahmsweise bei sehr kleinen oder sehr großen Sat-Antennen gehandhabt wird. Die meisten Sat-Spiegel sind gegenwärtig als „offset-Spiegel" ausgelegt, bei denen der LNB seitlich montiert ist. Die Neigung des Sat-Spiegels muss daher so gewählt werden, dass er die empfangenen Signale von dem Spiegel nach Abb. 3.44a auch richtig gegen den LNB reflektiert – denn dazu ist ja der Sat-Spiegel da.

Da Ihnen beim endgültigen genauen Ausrichten des Sat-Spiegels der angeschlossene Receiver – und letztendlich auch das Bild auf den Bildschirm des Fernsehers – behilflich sein wird, können Sie den Sat-Spiegel nach der Montage erst nur ungefähr auf den Satelliten ausrichten. Die horizontale Position (den Azimut) können Sie dabei der Tabelle 2 entnehmen, denn die bleibt selbstverständlich unverändert. Dieser Teil der Ausrichtung erfolgt nach Abb. 3.29 (auf Seite 54). Anders ist es allerdings mit der erforderlichen Neigung des Sat-Spiegels (in Richtung nach oben zum Satelliten). Diese kann bei einem Offset-Spiegel nach Abb. 3.45 vor-

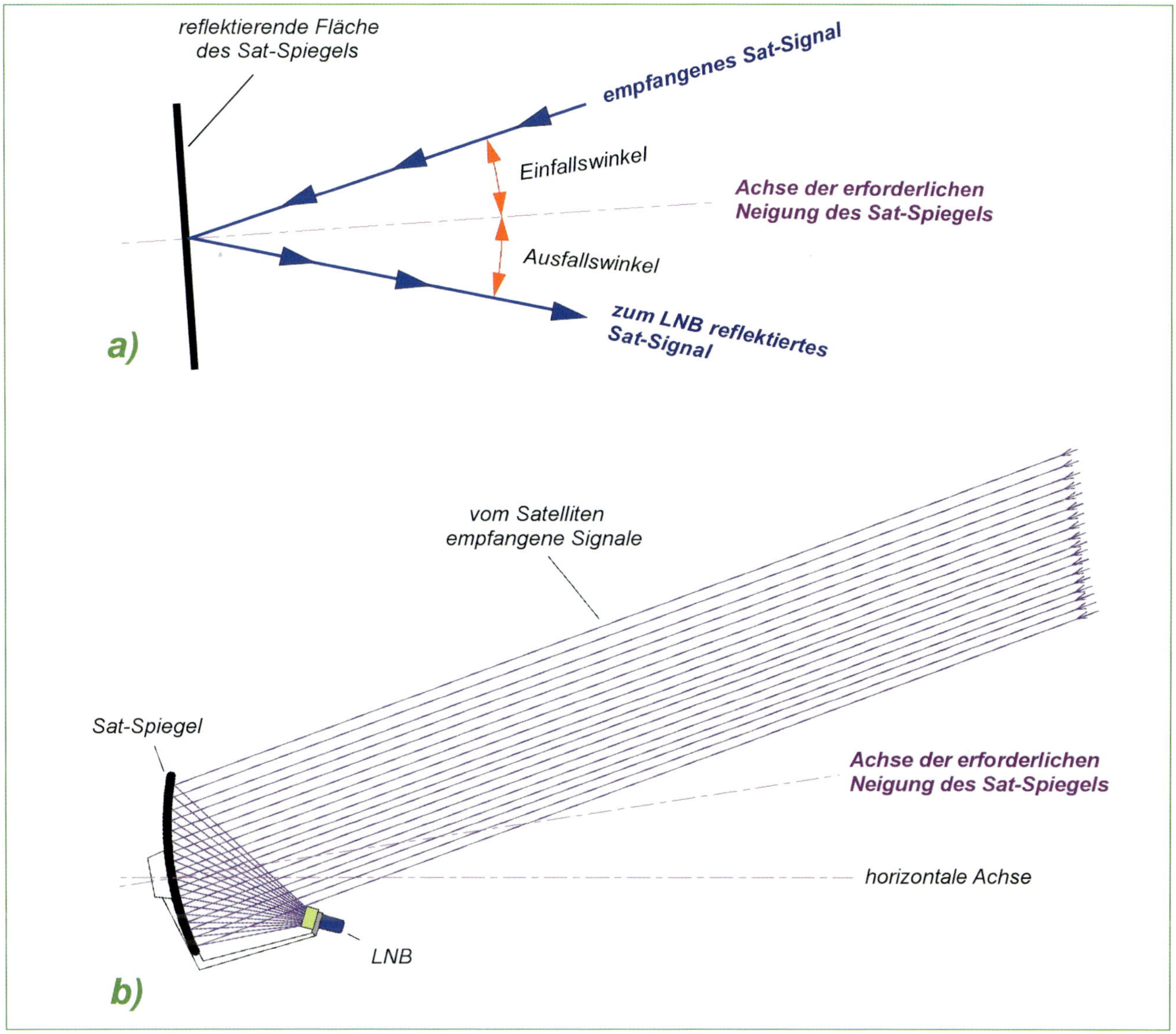

Abb. 3.44: Der waagerechte Neigungswinkel des Sat-Spiegels ist ***nicht*** identisch mit dem Winkel, der sich in der *Tabelle 2* auf die konkrete Höhen-Anpeilung (die Orbit-Position) des Astra-Satelliten bezieht: a) der Einfallswinkel des Satelliten-Signals ist identisch mit dem Ausfallswinkel, in dem das Signal vom Sat-Spiegel gegen den LNB reflektiert wird; b) die Neigung des Sat-Spiegels muss so gewählt werden, dass seine Achse in der Seitenansicht genau in der Mitte zwischen dem Einfalls- und dem Ausfallswinkel liegt.

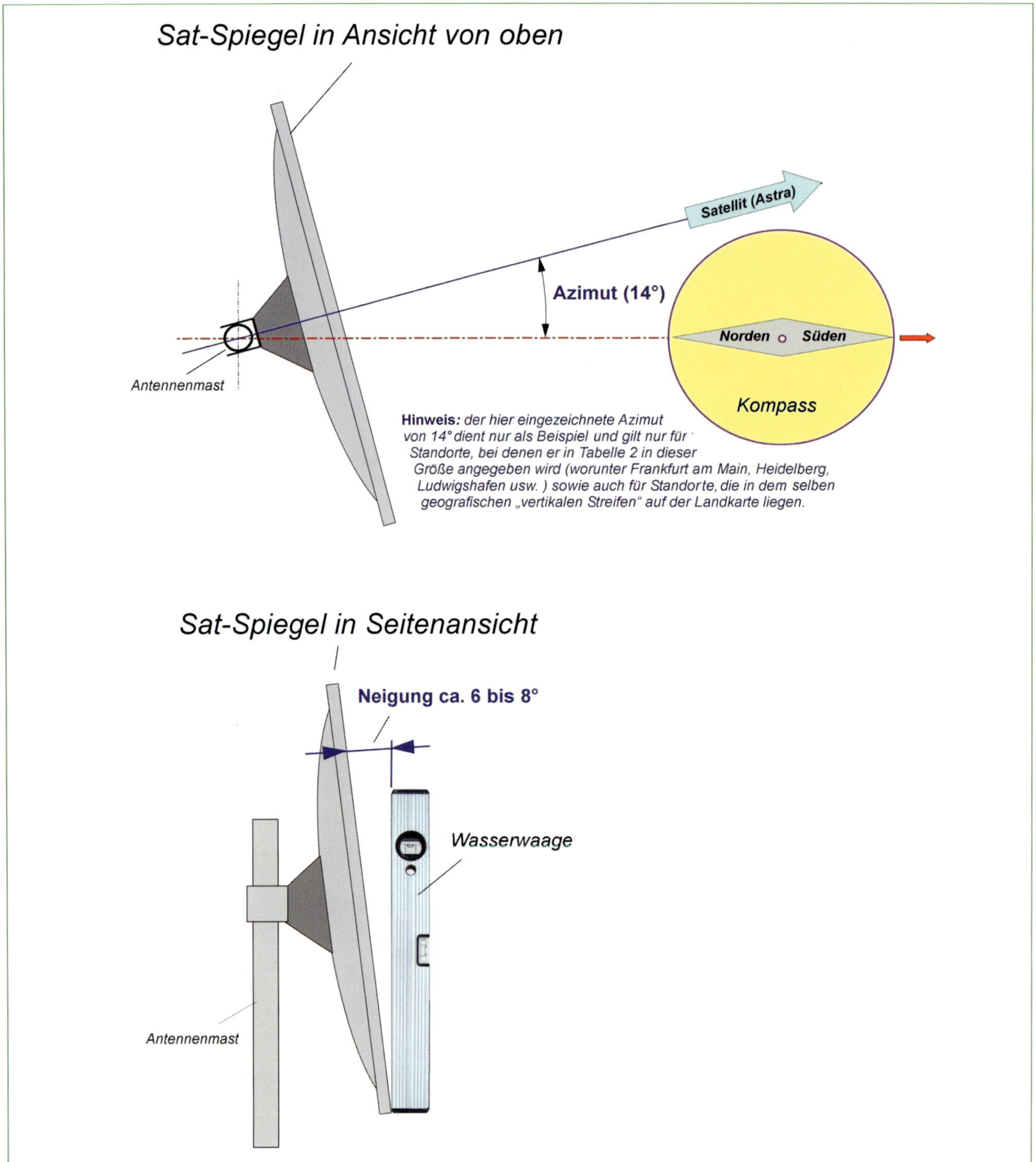

Abb. 3.45: Provisorisches Ausrichten des Sat-Spiegels: Das Ausrichten in waagerechter Position (bei dem der Sat-Spiegel gedreht wird), erfolgt genau nach dem Azimut aus *Tabelle 2,* aber das Ausrichten (Schwenken) des Sat-Spiegels in senkrechter Position wird vorerst nur experimentell in einem Winkel von ca. 6 bis 8° vorgenommen – wie abgebildet.

3.5 Der Sat-Spiegel

erst nur ungefähr ca. 6 bis 8° betragen, denn eine genaue Ausrichtung hängt von der Größe und der Type des Sat-Spiegels ab, aus der sich auch der Abstand des LNBs von der Achse des Sat-Spiegels ergibt (worauf wir gleich zurückkommen).

Nach Inbetriebnahme des Receivers und des Fernsehers können Sie jedenfalls wahlweise mit Hilfe der Anzeige der Signalstärke am Receiver oder der Veränderungen der Bildqualität am Fernseher den Sat-Spiegel durch langsame (und wiederholte) Änderungen der Neigung genau einstellen. Dazu werden Sie höchstwahrscheinlich einen Gehil-

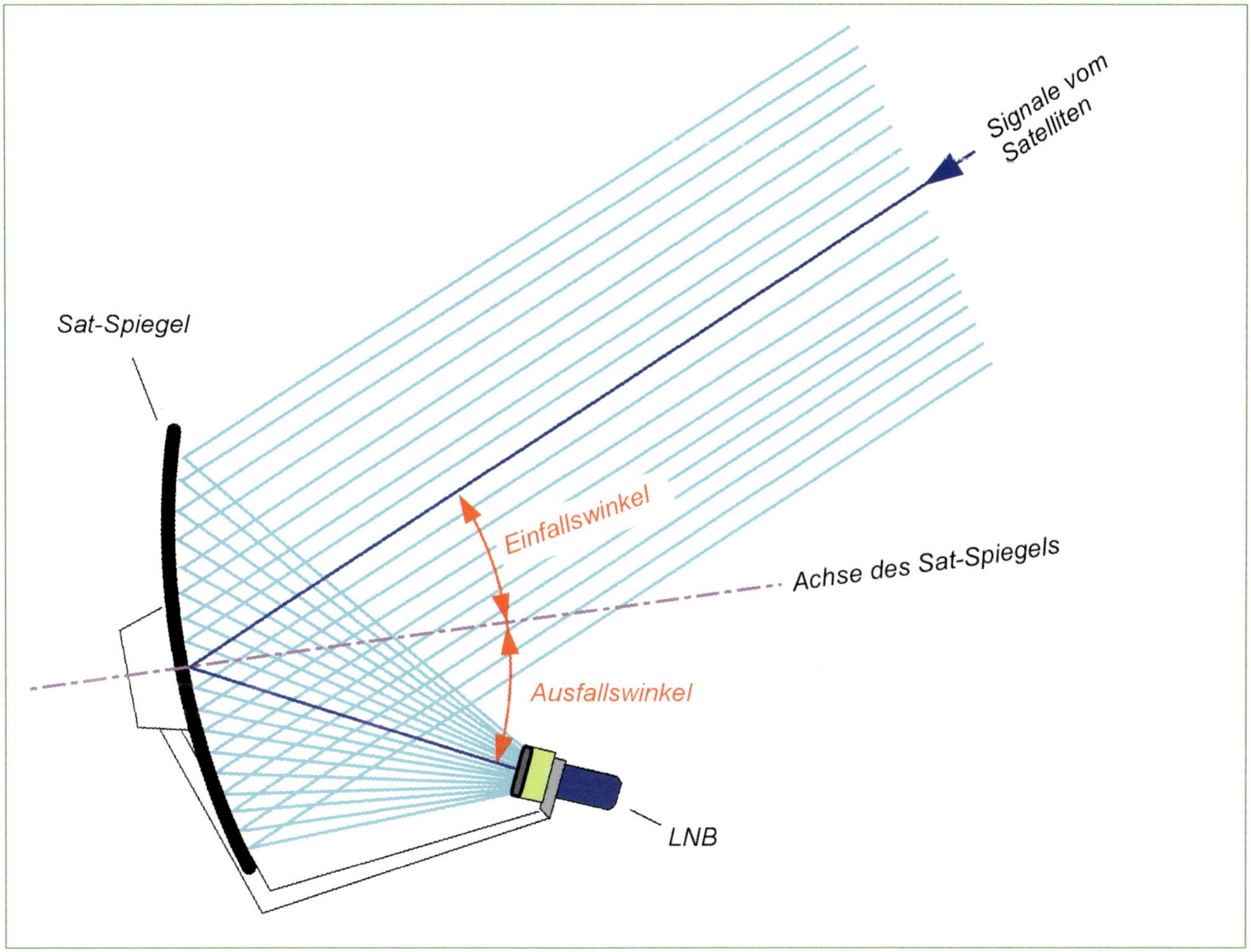

Abb. 3.46: Leicht ermittelbar ist bei jeder Sat-Antenne der Ausfallswinkel, der sich aus dem Abstand der LNB-Mitte (Achse) von der Achse des Sat-Spiegels ergibt.

3.5 Der Sat-Spiegel

fen benötigen, der Sie dirigiert – es sei denn, Sie werden z. B. den Receiver und/oder einen kleinen Fernseher in Ihrer Nähe so aufstellen können, dass Sie das Einstellen alleine vornehmen können. Das geht in der Praxis einfach, denn die Bildqualität verändert sich deutlich, sobald der Sat-Spiegel von der optimalen Position zu sehr abweicht. Man braucht sich dabei nur die Randpositionen zu merken, bei denen das Bild ersichtlich schlechter wird, und in der Mitte zwischen diesen zwei Punkten liegt dann das Optimum.

Es gibt aber selbstverständlich auch die Möglichkeit, den Sat-Spiegel in vertikaler Richtung ziemlich genau einzustellen, wenn man sich die Mühe machen möchte. Vom geometrischen Standpunkt aus betrachtet ist ein solches Einstellen nicht schwierig, aber in der Praxis dennoch etwas umständlich. Auch wenn Sie vielleicht der nun folgende Arbeitsaufwand von der praktischen Ausführung abschreckt, soll-

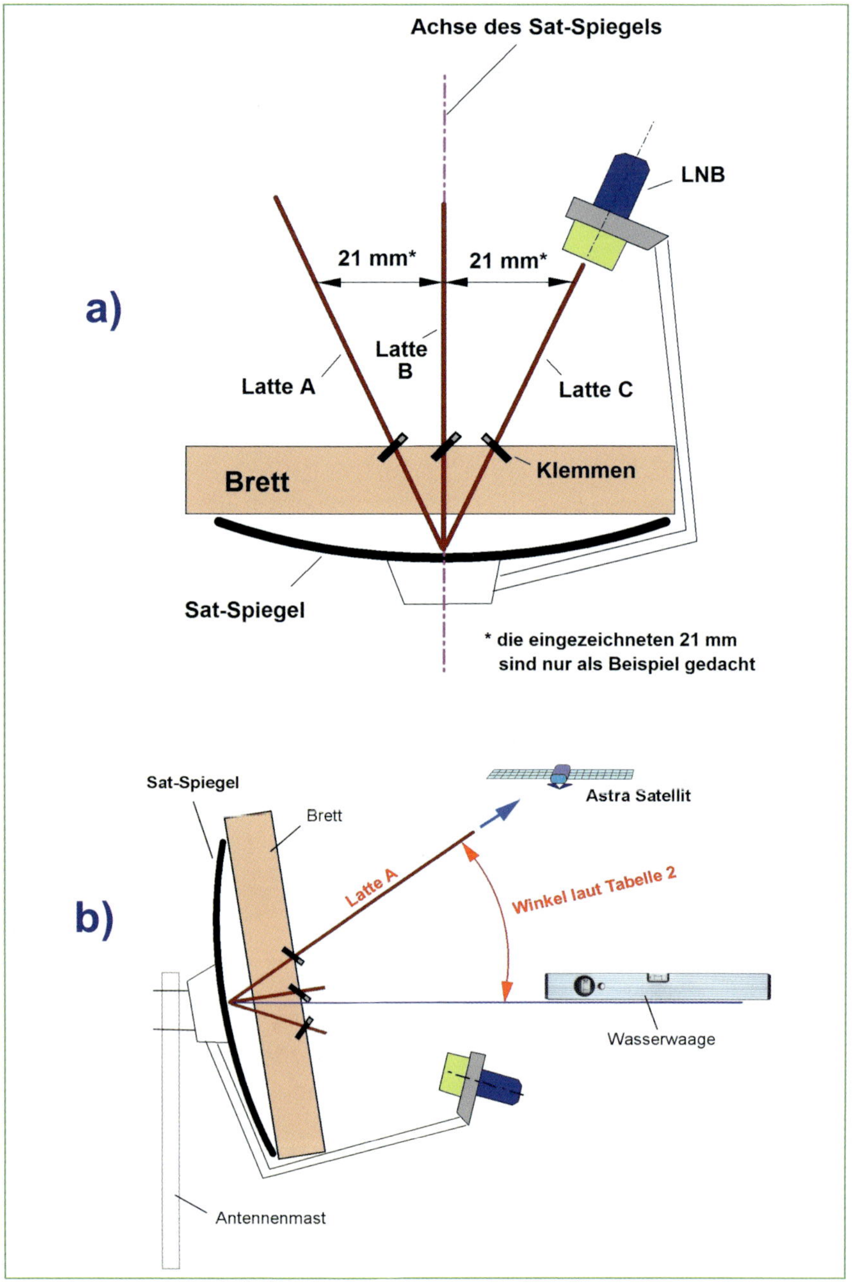

Abb. 3.47: Ermittlung des optimalen Neigungswinkels des Sat-Spiegels: a) provisorische Messvorrichtung; b) Für die Ausrichtung des Spiegels gegen den Satelliten ist nur die „Zielrichtung" der Latte **A** und die Wasserwaage bestimmend.

ten Sie sich dennoch zumindest mit dem eigentlichen Prinzip anhand der Abbildungen besser anfreunden:

Klar ist, dass der Sat-Spiegel die ankommenden Satelliten-Signale nach Abb. 3.46 reflektiert, als wären es Tischtennisbälle. Dass dabei der Einfallswinkel gleich dem Abprallwinkel ist, gehört zu den bekannten physikalischen Prinzipien. Und dass die vom Spiegel reflektierten Signale den LNB treffen sollen, dürfte ebenfalls deutlich sein.

Aus der Abb. 3.46 geht hervor, dass der als Ausfallswinkel bezeichnete Winkel zwischen dem LNB und der Achse des Sat-Spiegels bei jedem Offset-Spiegel für die Position der Ausrichtung des Spiegels gegen den Satelliten bestimmend ist. Der eigentliche Einfallswinkel stellt zwar theoretisch bei jedem Sat-Spiegel die „Unbekannte" dar, aber da er gleich dem Ausfallswinkel ist, den man leicht „messtechnisch ermitteln" kann, ergibt sich daraus eindeutig die erforderliche Neigung des Spiegels. Das Prinzip verdeutlicht Abb. 3.46: Der Sat-Spiegel muss einfach vertikal so ausgerichtet sein, dass der „dunkelblaue Strich" auf den Satelliten zielt.

Da wir bereits wissen, dass in der Tabelle 2 der Winkel angegeben ist, der sich standortbezogen auf die „Höhe" des Satelliten im Orbit bezieht, bleibt nur noch die Frage offen, wie man diese zweidimensionale Grafik, die als Zeichnung leicht verständlich ist, vom Papier in die Praxis umsetzt. Möglichkeiten gibt es viele, aber die eigentliche Durchführung hängt davon ab, wie der eine oder andere Heimwerker ausgestattet ist bzw. welche Hilfsmittel und Materialien er vorrätig hat. Wir zeigen an einem Beispiel, wie sich eine improvisierte „Messvorrichtung" schnell und einfach mit Hilfe von einigen Latten erstellen lässt:

a) Stellen Sie den Sat-Spiegel, in dem der LNB bereits montiert ist, wie eine Schüssel auf den Tisch, legen Sie auf ihn *(nach Abb. 3.47a)* ein kleines Brett, messen Sie aus, wo die Mitte des Spiegels ist und bringen dort im Winkel von 90° eine Latte (**B**) an.
b) Klemmen Sie anschließend Latte **C** auf das Brett wie abgebildet so an, dass diese von der Mitte des Sat-Spiegels auf die Mitte des LNB zielt.
c) Klemmen Sie Latte **A** auf das Brett so an, dass sie gegen Latte **B** im selben Winkel (in demselben Abstand) steht wie Latte **C**. Ist die Konstruktion fertig, dann haben Sie eine Schablone für die optimale Ausrichtung des Sat-Spiegels. Von dieser Schablone werden Sie für das Ausrichten des Sat-Spiegels gegen den Satelliten nur noch das Brett mit der Latte **A** und die Wasserwaage nach *Abb. 3.47b* benötigen, die den zweiten Arm des erforderlichen Neigungswinkels darstellt.

Und weiter kann es z. B. folgendermaßen gehen: Schneiden Sie sich aus einem Stück Pappe ein Dreieck aus, dessen Winkel Sie der Tabelle 2 für Ihren Standort entnehmen. Befestigen Sie danach dieses Dreieck nach Abb. 3.48 an einer kleinen Wasserwaage und stellen mit Hilfe der vorher „zusammengebastelten" Schablone (die nun nur noch aus dem Brett und aus Latte **A** bestehen kann) den Sat-Spiegel auf den richtigen Neigungswinkel ein.

Der hier beschriebene Aufwand mit dem genauen Einstellen des Sat-Spiegels dürfte nur dann in Angriff genommen werden, wenn ein neuer Receiver bei der Inbetriebnahme die Stärke des Satelliten-Signals nicht angemessen anzeigt. Das kann in der Praxis leicht passieren, denn die Receiver sind nicht immer bedienungsfreundlich und die Bedienungsanleitungen sind manchmal „menschenverachtend" verfasst.

3.5 Der Sat-Spiegel

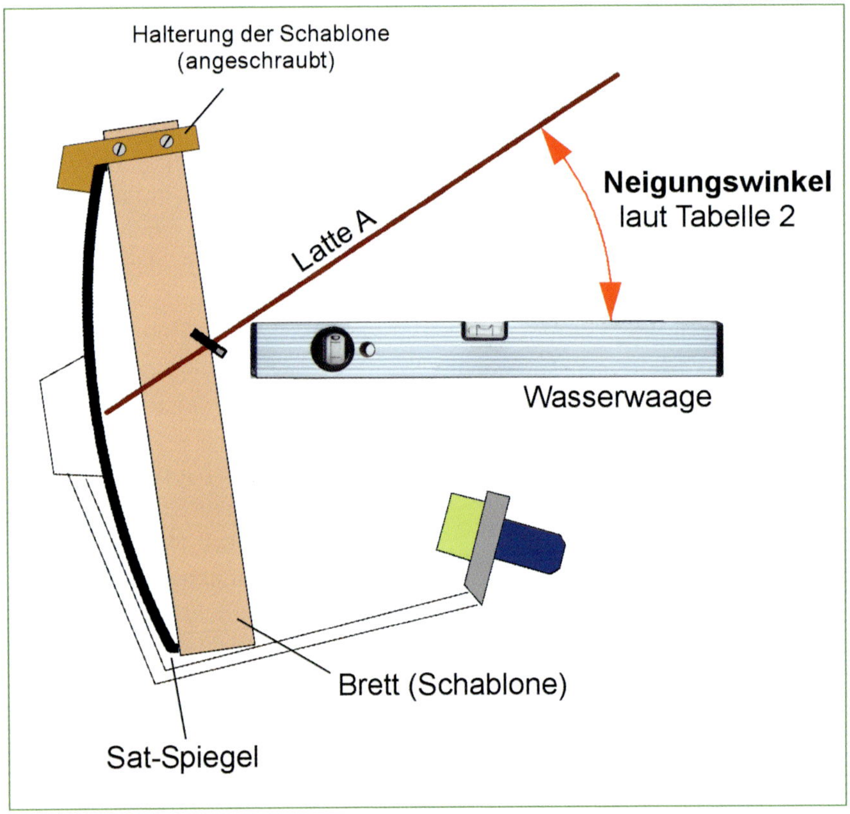

Abb. 3.48: Das Einstellen des Sat-Spiegels mit der angefertigten Schablone ist nun einfach …

Wer z. B. nach einem Umzug für seinen bereits „eingefahrenen" Receiver nur noch eine neue Sat-Antenne installiert, der wird sich seinen Sat-Spiegel nur mit Hilfe der Signalstärke-Anzeige ausrichten können und braucht sich mit der vorher beschriebenen Erstellung einer Schablone nicht das Leben zu komplizieren. Dasselbe gilt auch für diejenigen, deren neuer Receiver sich von Anfang an kooperativ zeigt. Es ist aber gut zu wissen, wie man sich auch unter schwierigeren Umständen behelfen kann und wie in der Praxis der Neigungswinkel aus der Tabelle 2 mit der Ausrichtung zusammenhängt. Zudem erleichtert die vorhergehende Aufklärung auch das Ausrichten einer Sat-Antenne, die zwei unterschiedliche Satelliten empfangen soll.

3.5.5 Blitzschutz

Der Stellenwert des „modernen" Blitzschutzes verliert inzwischen dadurch zunehmend an Bedeutung, dass in den letzten Jahrzehnten viel mit Betonsteinen und Stahlbeton gebaut wurde, jedes neuere Haus eine Stahlbetondecke hat und die Dächer „dick" isoliert sind. So stellen inzwischen auch viele Bauämter und Versicherungen den Nutzen eines Blitzableiters „projektbezogen" in Frage.

Als ziemlich fraglich kann sich der Sinn eines Blitzableiters bei einem Sat-Spiegel erweisen: Unter Umständen kann hier ein Blitzableiter einen schwächeren Blitz schützend in die Erde ableiten. Unter Umständen kann er wiederum einen kräftigeren Blitz, an sich – und somit an den Sat-Spiegel & Co – heranziehen, obwohl dieser Blitz vielleicht ansonsten woanders eingeschlagen hätte. Dabei kann ein starker Blitz trotz eines guten Blitzableiters am Sat-Spiegel – oder sogar an den angeschlossenen Geräten – dennoch einen Schaden anrichten, da er sich – wie jede andere Spannungsquelle auch – zwischen mehrere leitende Wege teilt.

Wir sehen uns daher erst an, unter welchen Umständen ein Blitzableiter nicht notwendig ist und auch laut diverser Vorschriften und Richtlinien (die vor allem für gewerblich errichtete Anlagen bindend sind) nicht erforderlich und nicht vorgesehen ist:

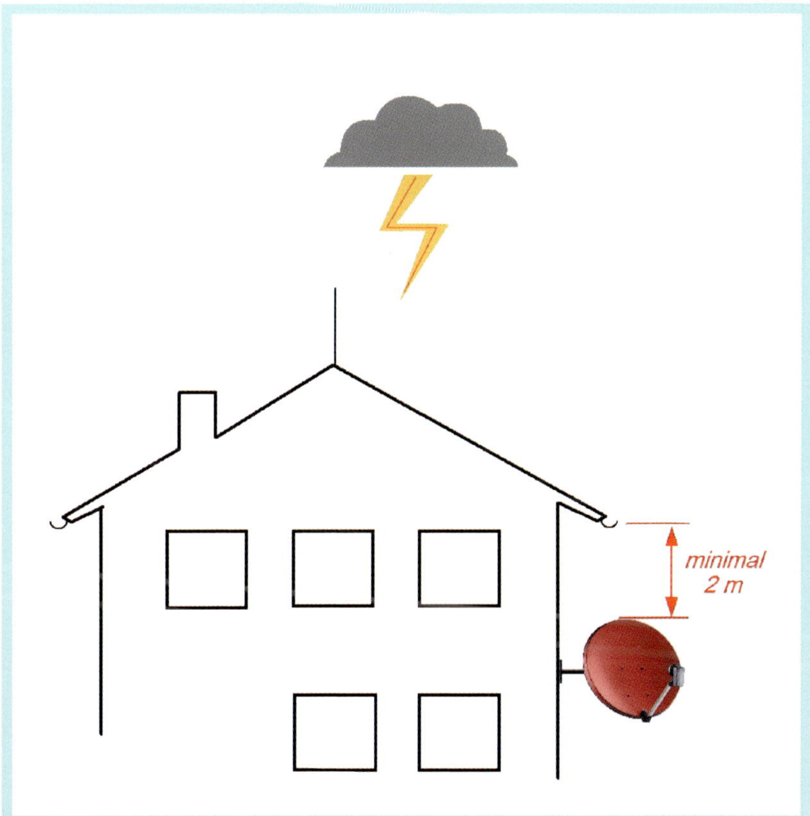

Abb. 3.49: Bei Sat-Spiegeln, die mehr als zwei Meter unterhalb einer Dachrinne oder eines Dachrandes installiert sind, ist kein zusätzlicher Blitzschutz erforderlich.

Keinen Blitzschutz braucht z. B. ein Sat-Spiegel, wenn er nach Abb. 3.49 mindestens 2 m tief unterhalb des Dachrandes (oder der Dachrinne) montiert ist und dabei nicht weiter als 1,5 m von der Hauswand entfernt ist (was ja ohnehin kaum in Frage kommen dürfte). Wird der Sat-Spiegel näher als 2 m unterhalb einer Kupfer-Dachrinne installiert, die mit einem Blitzableiter leitend verbunden ist, braucht er ebenfalls keinen Blitzschutz, wenn sein waagerechter Abstand von der Hauswand um ca. ¼ kleiner ist als sein senkrechter Abstand von der Dachrinne. Wird ein Sat-Spiegel etwas tiefer auf einem Balkon aufgestellt, braucht er ebenfalls meist keinen Blitzableiter.

Wird jedoch ein Sat-Spiegel z. B. auf ein eisernes Balkon-Geländer aufgeschraubt, übt die ganze Einheit auf Blitze eine erhöhte Anziehungskraft aus und ein Blitzschutz wäre daher zu empfehlen. Dasselbe gilt für einen Sat-Spiegel am Dach – es sei denn, er steht in direkter Nähe eines Blitzableiters, der z. B. doppelt so hoch ist wie der obere Rand des Sat-Spiegels.

Für die „blitzableitende" Verbindung, die als Erdungsleitung für Antennenanlagen bezeichnet wird, sollte vorschriftsgerecht ein 16-mm²-Volldraht-Kupferleiter (Ø 4,5 mm) oder 25-mm²-Volldraht-Aluminium-

3.5 Der Sat-Spiegel

leiter (∅ 5,6 mm) oder 50-mm²-Volldraht aus verzinktem Stahl (∅ 8 mm oder Band 2,5 x 20 mm) verwendet werden. In der Praxis werden als Antennen-Erdungsleitungen oft die etwas „überdimensionierten", aber im Allgemeinen leichter erhältlichen ∅ 8-mm-Aluminiumleiter verwendet, die als Meterware nach Abb. 3.50a gekauft werden können.

Aluminium- und Kupferleiter dürfen miteinander nicht direkt, sondern nur mit Hilfe von speziellen Al/Cu-Klemmverbindungen verbunden werden, da sich ansonsten zwischen den Verbindungsflächen (galvanisch bedingt) eine isolierende Schicht bildet. Alle Montage-Bauteile für den Blitzschutz (inklusive eines Staberders nach Abb. 3.50b) sind als Standard-Ware erhältlich.

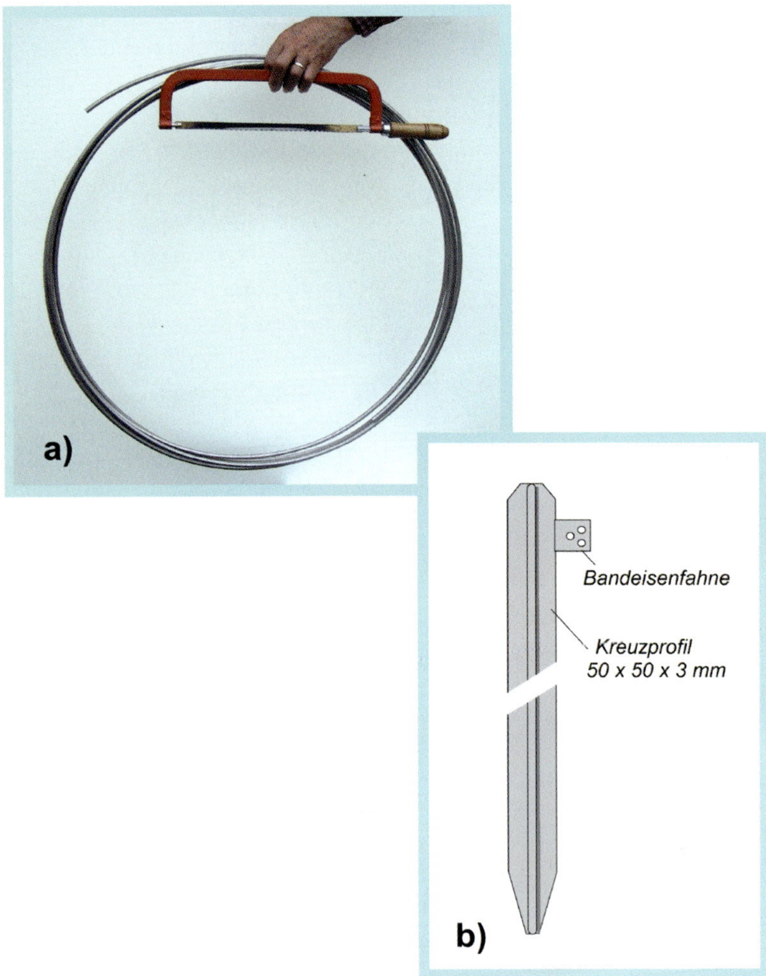

Abb. 3.50: a) Aluminiumleiter für Blitzableitungen sind oft in Rollen erhältlich; b) Staberder werden aus feuerverzinktem Flussstahl u. a. mit einem Kreuzprofil von 50 x 50 x 3 mm in Längen von ca. 1,5 bis 3 m gefertigt.

Hinweis

Wenn Sie gegen Blitzeinschlag-Schäden versichert sind, können Sie sich im Zusammenhang mit der Notwendigkeit eines Sat-Antennen-Blitzschutzes bei Ihrer Versicherungsgesellschaft jederzeit informieren. Erfahrungsgemäß stellen in dieser Hinsicht die meisten Versicherungsgesellschaften keine besonderen Anforderungen bzw. überhaupt keine Anforderungen an den privaten Errichter, da ein Blitzschutz das Risiko eines Blitzeinschlags unter Umständen zwar verringert, aber nicht ausschließt.

3.6 Der LNB

Im Kapitel „Die Planung einer neuen Sat-Anlage" haben wir bereits ausführlicher erläutert, worauf es bei der Planung einer Sat-Anlage – und somit auch bei der Wahl des LNB – ankommt. Inwieweit sich in der Praxis ein Leser alles nach den aufgeführten Beispielen gestalten kann, hängt jedoch von vielen weiteren Aspekten ab. Wer beispielsweise noch niemals eine Sat-Anlage selber installiert hat, der wird wahrscheinlich vorerst eine einfachere Lösung einer aufwendigeren vorziehen. Auch die Ungewissheit in Bezug auf das Tempo der technischen Entwicklungen ist ein kritischer Faktor: Alles, was wir heute aufwendig (oder zu aufwendig) installieren, kann innerhalb einiger weniger Jahren veraltet sein oder sogar schon nächste Woche auf eine viel einfachere Weise gelöst werden. Das alles fällt in die Rubrik „technischer Fortschritt" – und der lässt sich nicht aufhalten.

Rein informationshalber: Auch das einfachste (und eventuell „nur" analoge) LNB stellt ein sehr aufwendiges elektronisches Gerät dar, mit

Abb. 3.51: Die meisten einfacheren LNBs werden am Sat-Spiegel in einer Klemme nur mit zwei bis drei Schrauben in Position gehalten.

3.6 Der LNB

Wichtig

Wenn Sie bereits eine Satelliten-Antenne besitzen und nur einen neuen LNB kaufen, achten Sie bitte darauf, dass dieser bevorzugt in die bestehende *Feed-Halterung* (die Klemme für den LNB) passt. Beträgt der Durchmesser der *Feed-Halterung* beispielsweise ∅ 40 mm, ist sie für einen LNB vorgesehen, dessen „Hals", (der in die Halterung eingeklemmt wird), ebenfalls einen Durchmesser von 40 mm hat. Klappt es nicht, kann ein zusätzlicher handelsüblicher LNB-Adapter eine Abhilfe bieten.

dem man schonend umgehen sollte. Es braucht uns zwar nicht näher zu interessieren, was die Elektronik des LNB alles vollbringen kann bzw. vollbringen muss, aber es kann nicht schaden, wenn

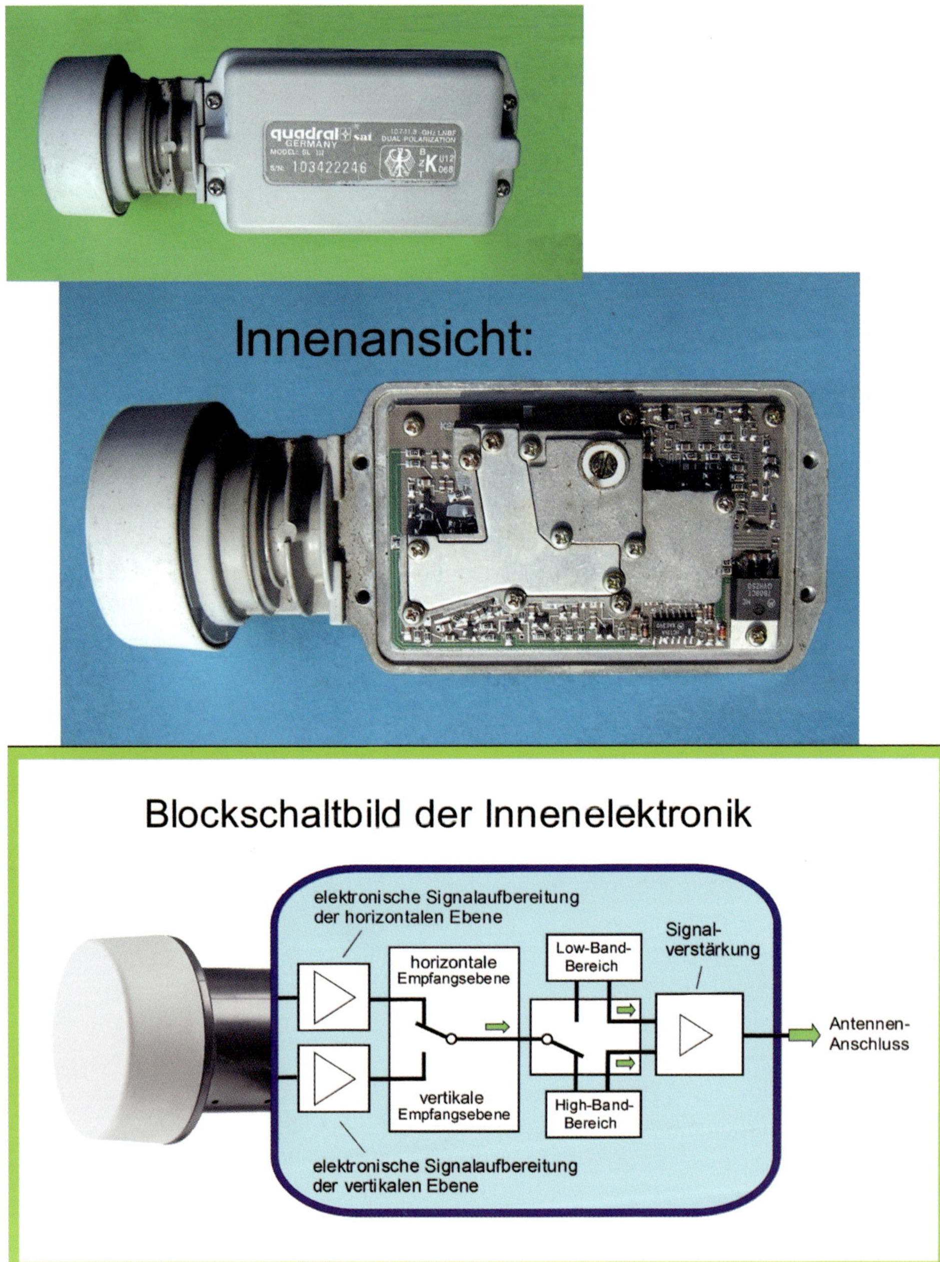

Abb. 3.52: Obwohl ein LNB von außen nach einem sehr einfachen Bauteil aussieht, befindet sich in seinem Inneren eine Unmenge an feinster Elektronik.

wir uns in Abb. 3.52 das Innenleben eines LNB ansehen.

Wir haben bereits an anderer Stelle erläutert, dass etwa die Hälfte der von Satelliten gesendeten Signale (Programme) horizontal polarisiert und die andere Hälfte vertikal polarisiert ist. Für den Errichter einer Sat-Anlage ist diese Information nur dann von Bedeutung, wenn er ein System mit aufwendigeren Multischaltern oder anderen speziellen Schaltern anwenden will, das für eine größere Teilnehmerzahl (für mehrere Wohnungen) vorgesehen ist.

Jeder einfachste „Single-LNB" kann sowohl die horizontal polarisierten als auch die vertikal polarisierten Sender empfangen. Dies gilt auch für Twin- oder Quad-LNBs. Die einzelnen LNBs können jedoch nicht gleichzeitig die Programme beider Polarisationsebenen empfangen, sondern müssen – je nach der Wahl des Senders – intern entweder auf die horizontale oder auf die vertikale Polarisationsebene (vom horizontalen auf vertikales Band) hin und her schalten. Wann und wohin sie schalten, teilt ihnen jeweils der Receiver mit einem Umschaltimpuls mit (mittels eines 22-kHz-Signals). Der Receiver richtet sich in dem Zusammenhang selbstverständlich danach, welchen Sender der Anwender über die Fernbedienung jeweils gewählt hat.

Da alles vollautomatisch funktioniert, bräuchte man sich mit diesen spektakulären Leistungen der Geräte nicht zu befassen, denn sie sind ja dazu da, dass sie das tun, wofür sie ausgelegt sind und bezahlt wurden. Anderseits erleichtert es den Umgang mit einzelnen Bausteinen, wenn man zumindest einigermaßen im Bilde darüber ist, welche Aufgaben sie bewältigen bzw. reibungslos bewältigen sollten.

Dass ein **universaler LNB** fähig ist, sowohl die analog als auch die digital ausgestrahlten Fernsehprogramme zu empfangen (und an den Receiver weiterzuleiten), haben wir bereits an anderer Stelle erwähnt. Er ist aus diesem Grund herstellerseitig so ausgelegt, dass er sowohl Analog-Sender („Low-Band"-Frequenzbereich von 10,7 bis 11,8 GHz) als auch Digital-Sender („High-Band"-Frequenzbereich von 11,7 bis 12,75 GHz) empfangen kann.

Für den Käufer eines neuen LNB dürfte diese Information eventuell nur in Hinsicht auf die ständig voranschreitende Entwicklung interessant sein, denn eines Tages werden höchstwahrscheinlich die „universalen LNBs" aus den Regalen verschwinden und durch „rein digitale LNBs" ersetzt, die vielleicht etwas anders ausgelegt und bezeichnet werden. Da ist es dann gut zu wissen, dass auf dem High-Band-Bereich von 11,7 bis 12,75 GHz (Gigahertz) die Satelliten Astra und Eutelsat digital senden. Vorerst. Das kann sich natürlich schon aus dem Grund ändern, weil sich in der Technik bekanntlich ständig alles ändert.

Die eigentlichen technischen Parameter und Funktionsweisen sind bei allen guten universalen LNB ziemlich gleich – bis auf das sogenannte **Rauschmaß**, das zu den wichtigsten Qualitätsmerkmalen eines LNB gehört. Das **Rauschmaß** sollte gegenwärtig bei Standard-LNBs ca. **0,3 bis 0,6 dB** (Dezibel), bei sehr guten LNBs, die z. B. für HDTV bestens geeignet sind, ca. **0,2 dB** nicht überschreiten. Je niedriger das Rauschmaß, desto

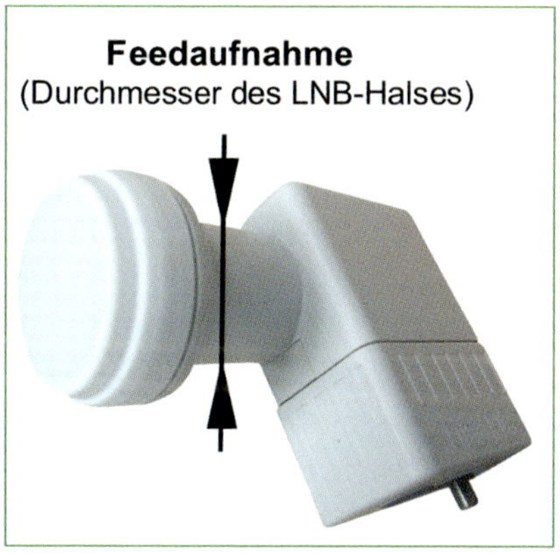

Abb. 3.53: Die Kragenweite eines LNB wird „technisch elegant" als *Feed-Aufnahme* bezeichnet.

3.6 Der LNB

besser ist die Bild- und Tonqualität, die der LNB an den Receiver liefert.

Wird ein LNB ersetzt, ist u. a. darauf zu achten, dass der neue LNB bevorzugt dieselbe „Kragenweite" wie der alte LNB hat, denn dann wird er problemlos in die bestehende Klemme passen. Da man in der Elektronik einen gehobenen Wert auf eindrucksvoll klingende Bezeichnungen legt, wird bei dem LNB die „Kragenweite" als **Feed-Aufnahme** bezeichnet (Abb. 3.53).

Über die Arten, Formen und Anwendungsmöglichkeiten der LNBs haben wir in diesem Buch bereits viel geschrieben. Vielleicht zu viel? Dann verschaffen wir uns an dieser Stelle mit Tabelle 3 eine schnelle Übersicht über die Anwendungsmöglichkeiten der gängigsten LNBs, die sich für den Selbstbau am besten eignen. Falls bei einem LNB einer der Anschlüsse nicht benutzt wird, sollte er bevorzugt mit einem speziellen – und für diesen Zweck erhältlichen – „DC-Entkoppler mit einem integrierten 75-Ω-(Ohm-) Widerstand" nach Abb. 3.54 verschlossen werden. Bei diesem Entkoppler handelt es sich um ein preiswertes Bauteil, das die interne Elektronik des nicht angewendeten LNB von unerwünschten internen Oszillationen schützt und zudem auch die Anschlussbuchse gegen das Eindringen von Feuchtigkeit abdichtet. Auf diese Weise bleibt die nicht benötigte „vierte LNB-Einheit" – und somit auch die Anschlussbuchse – jederzeit betriebsbereit. Dasselbe gilt selbstverständlich für alle offenen Anschlussbuchsen an den LNB, die eventuell vorerst nur als „stille Reserve" in dem Sat-Spiegel sozusagen auf ihre Gelegenheit warten sollen – wie es z. B. auch bei dem Oct-LNB in Abb. 3.7 (auf Seite 33) informativ zeichnerisch dargestellt wurde.

Die in der Tabelle 3 aufgeführte Schnellübersicht ist für Leser gedacht, die sich mit dem Empfang von einem einzigen Satelliten bzw. der Astra-Satellitengrup-

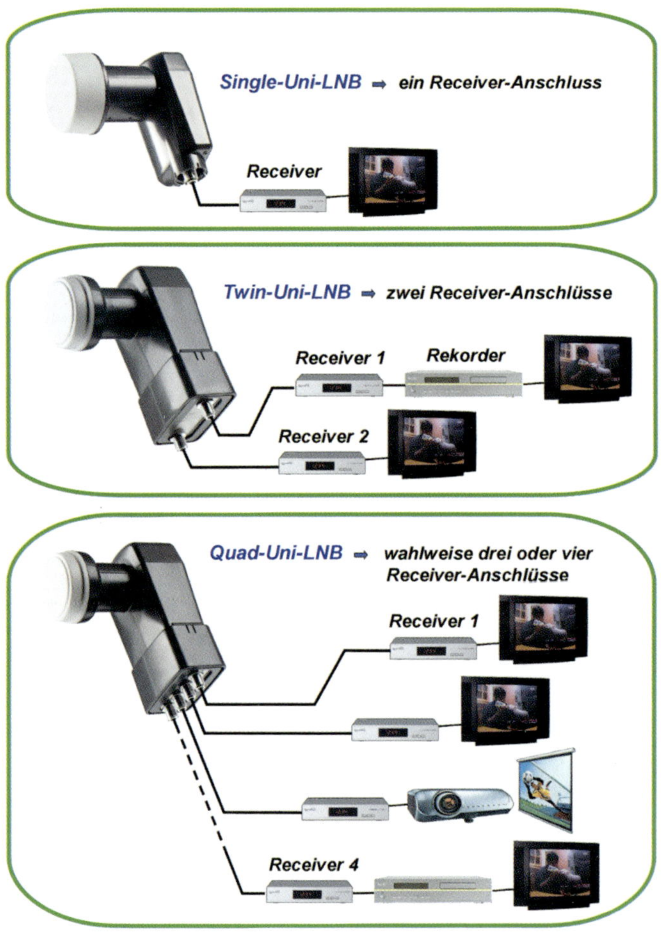

Tabelle 3: Schnellübersicht der einfacheren Anwendungen von LNB für den Empfang eines *einzigen* Satelliten.

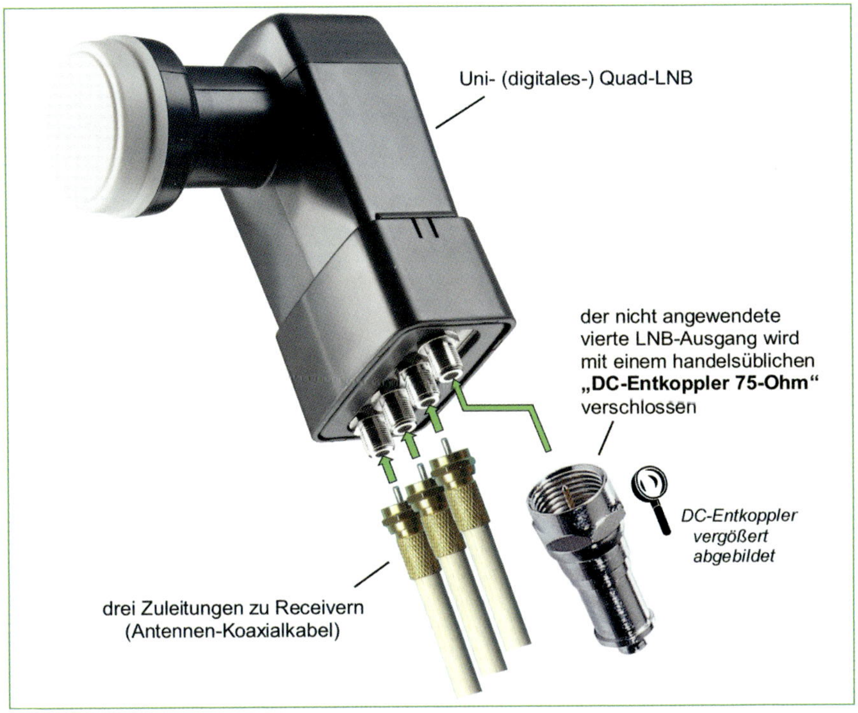

Abb. 3.54: Drei Teilnehmer-Anschlüsse an einem Quad-LNB: Der nicht angewendete vierte Ausgang des LNB sollte bevorzugt mit einem „DC-Entkoppler/Abschlusswiderstand 75 Ohm (Ω)" verschlossen werden.

pe zufrieden geben und nur in maximal vier Räumen (über vier selbstständige Receiver) unterschiedliche Programme gleichzeitig empfangen oder aufnehmen möchten. Die Astra-Satellitengruppe (die vereinfacht als ein einziger Satellit betrachtet und bezeichnet wird) bietet momentan eine Programmvielfalt von TV- und Radioprogrammen, wovon ca. die Hälfte als digitale und analoge TV-Programme (davon inzwischen fast 100 deutschsprachige Programme) gesendet werden. Unter diesen Programmen sind alle Programme präsent, die in der Programmvorschau der gängigen Fernsehzeitschriften aufgeführt werden.

Falls Sie Programme mehrerer Satelliten empfangen möchten, finden Sie die dafür passenden Lösungsvorschläge im Kapitel „Empfang mehrerer Satelliten" auf Seite 42.

3.6.1 Ersetzen eines analogen LNB durch einen universalen LNB

Insofern z. B. ein bestehender Analog-LNB einfach nur durch einen „digital-tauglichen" (= universalen) LNB ersetzt werden sollte, wobei der bestehende Sat-Spiegel und das bestehende Antennenkabel weiter verwendet wird, ist das ganze Anliegen „als solches" kinderleicht.

Unter dem Begriff „als solches" dürfte zu verstehen sein, dass hier die Frage eines eventuell schwer zugängigen Standortes beiseite gelassen wird. Hier muss – abhängig von den baulichen Gegebenheiten und der eigenen Kondition – jeder selber entscheiden, ob er z. B. bei einem

Unser Tipp

Wenn Sie nicht über einen Messschieber (altdeutsch Schieblehre) verfügen, machen Sie sich aus einem Stück härteren Papiers eine einfache Schablone nach *Abb. 3.56*, um kontrollieren zu können, ob der Hals des alten LNB, der in der Klemme steckt, tatsächlich einen Durchmesser von 40 mm hat. Wenn nicht, dann können Sie probeweise eine passende Schablone anfertigen, die entweder eine „Maulweite" von 60 mm oder von 23 mm hat (das sind die gängigsten alternativen Durchmesser einiger älterer LNB).

3.6 Der LNB

Sat-Spiegel auf einem höheren Dach oder auf einem Giebel den LNB persönlich auswechseln kann, ohne dass er dabei sein Genick riskiert. Bei Zweifeln sollte die Arbeit einem Unternehmen überlassen werden, das für solche Aufgaben ausgestattet ist. Nur wenn Sie das Auswechseln des LNB als völlig unproblematisch einstufen können, spricht nichts dagegen, dass Sie es in Eigenleistung machen.

Sie werden dafür weder Spezialwerkzeuge noch Messgeräte benötigen und der neue LNB braucht nicht eingestellt oder ausgerichtet, sondern nur in eine dafür vorgesehene Klemme (nach Abb. 3.55) – je nach der jeweiligen Klemmenausführung – mit zwei oder drei Schrauben anstelle des alten LNB festgeschraubt werden. Der Anschluss-Stecker des Antennen-Koaxialkabels passt normalerweise auf alle LNBs und braucht daher nicht ausgewechselt zu werden.

Bei der Wahl des richtigen neuen Empfangskopfes sollte jedoch – soweit möglich – darauf geachtet werden, dass sein „Hals" optimal in die „alte" LNB-Klemme passt.

Die meisten Außendurchmesser der LNB-Hälse sowie auch die meisten Innendurchmesser der Feed-Klemmen betragen einheitlich ∅ 40 mm (Abb. 3.53). Es gibt aber auch Klemmen, die für größere „Feed-Aufnahmen" ausgelegt sind bzw. ausgelegt wurden. Um da einen neuen LNB befestigen zu können, ist ein zusätzlicher – und separat erhältlicher – Feed-Adapter (Zwischenstück aus Kunststoff) erforderlich.

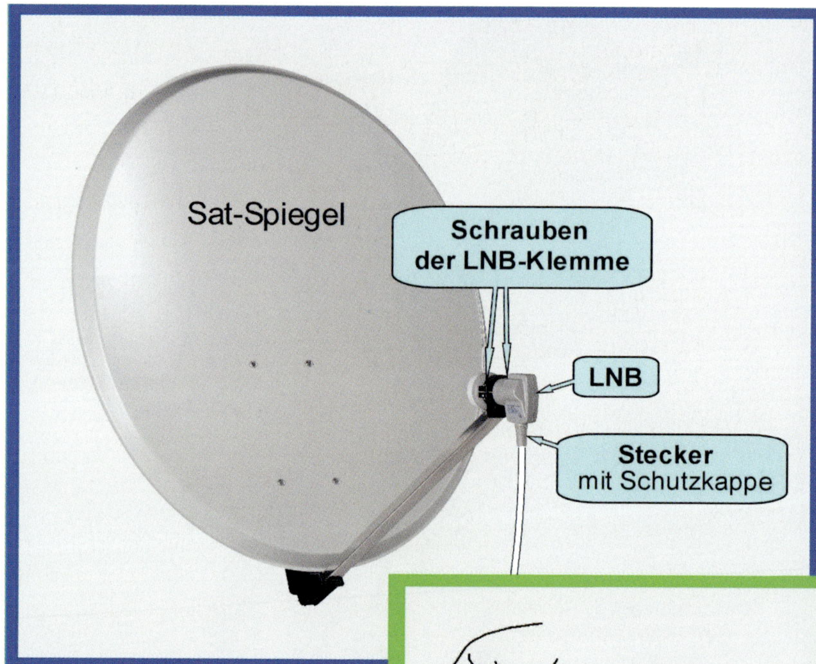

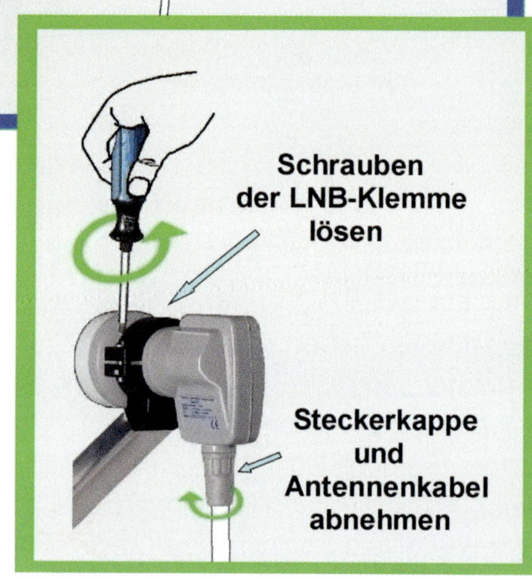

Abb. 3.55: Der LNB wird oft mit nur zwei Schrauben in einer Klemme befestigt und kann jederzeit sehr leicht ausgewechselt werden.

Ist der Sat-Spiegel auf den vorgesehenen Satelliten optimal ausgerichtet, reflektiert und bündelt er die empfangenen Funkwellen auf den neuen Empfangskopf (LNB) genauso perfekt wie auf den alten – vorausgesetzt, der Kopf des neuen LNB passt richtig in die „alte" Klemme.

Sie dürfen bei diesem Wechsel ohne Bedenken einen alten Single-

Abb. 3.56: Eine Hartpapier-Schablone zum Nachmessen der „LNB-Feedaufnahme“ ist schnell angefertigt und verschafft Klarheit über den Außendurchmesser des alten LNB-Halses.

Erforderliches Werkzeug:

a) Gabelschlüssel 11 mm

b) Schraubendreher

Benötigtes Material:

Neuer „digital-tauglicher“ (Universal-) LNB

Benötigte Arbeitszeit:

ca. 10 bis 15 Minuten „netto“

LNB durch einen Twin- oder Quad-LNB ersetzen, wenn der Sat-Spiegel-Durchmesser zumindest ca. ∅ 80 cm – bzw. ∅ 85 cm für Quad-LNB – beträgt. Sie werden dann aber einen bis drei zusätzliche Antennen-Koaxialkabel (mit F-Stecker) benötigen, um alle LNB-Ausgänge zu den vorgesehenen Receivern führen zu können. Die dafür benötigten Mauerdurchführungen oder andere zusätzliche Maßnahmen müssen selbstverständlich auch in die Planungsüberlegungen einbezogen werden (siehe hierzu Abb. 3.74 auf Seite 102).

Am einfachsten ist dieses Anliegen, wenn es sich nur um das Ersetzen eines alten LNB durch einen neuen, mechanisch baugleichen LNB handelt. Wir zeigen den ganzen Vorgang einzeln in Schritten:

Schritt 1

Vorbereitung

Sehen Sie sich an, welchen Gabelschlüssel (für den F-Stecker) und Schraubendreher (für die LNB-Klemme) Sie benötigen werden. Sie haben – laut unserer Empfehlung – sicherlich bereits vor dem Kauf des neuen LNB nachgemessen, ob der „Hals“ (die Feed-Aufnahme) identisch mit dem Ihres alten LNB ist. War dem nicht so, haben Sie sich den benötigten LNB-Adapter angeschafft. Bereiten Sie sich den erforderlichen Zugang zu dem Arbeitsplatz und die erforderlichen Werkzeuge vor.

3.6 Der LNB

Schritt 2

Antennenanschluss

Drehen Sie den Antennen-Stecker mit einem ca. 11 mm großen Gabelschlüssel an seinem Sechskant-Ring auf und ziehen Sie danach das Antennen-Koaxialkabel aus dem LNB heraus:

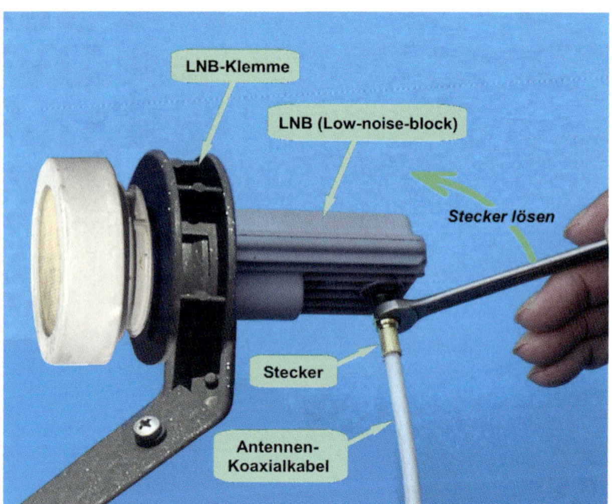

Schritt 3

Austausch des LNB

Lösen Sie die Befestigungsklemme des alten LNB: Meistens müssen nur zwei Schrauben der Klemme gelöst werden, um den LNB herausnehmen zu können:

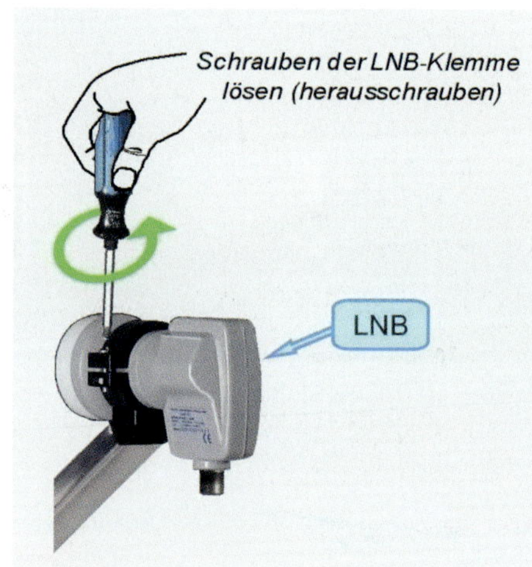

Montieren Sie nun den neuen LNB auf dieselbe Weise, wie sie den alten demontiert haben.

Schritt 4

Antennenkabel

Stecken Sie vorsichtig den Stecker des Antennenkabels in den neuen LNB hinein und drehen Sie ihn erst – so weit wie möglich – mit den Fingern auf das Gewinde der Buchse im neuen LNB auf. Achten Sie darauf, dass Sie den Stecker auch richtig auf das Gewinde des LNB aufsetzen – der Stecker muss sich ganz leicht mit den Fingern auf das Gewinde aufschrauben lassen. Nachdem der Stecker mit den Fingern einigermaßen festgedreht wurde, wird er mit einem Gabelschlüssel (an seinem Sechskant-Ring) noch etwas kräftiger zugedreht (allerdings mit angemessenem Gefühl).

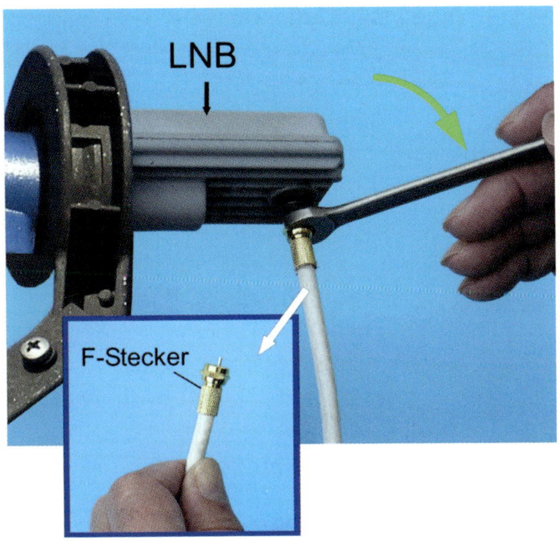

Schritt 5

Schutzkappe

Falls der neue LNB mit einer Wetterschutz-Kappe (Wetterschutz-Tülle) versehen ist, sollten Sie diese verwenden. Um die Schutzkappe auf den Stecker aufschrauben zu können, müssen Sie den Stecker erst von dem Antennenkabel abschrauben (gegen den Uhrzeigersinn). Es geht meist problemlos mit den Fingern. Rutschfeste Garten-Handschuhe können Ihnen diese Aufgabe erleichtern. Danach wird die Schutzkappe auf das Antennenkabel gesteckt, der Stecker wird auf das Antennenkabel fest aufgeschraubt und anschließend wieder mit dem LNB verbunden.

Anstelle einer Schutzkappe könnte theoretisch auch mit einem sogenannten „selbstverschweißenden Dichtungsband" (Abb. 3.57) gegen eventuelles Eindringen von Feuchtigkeit geschützt werden. Da jedoch dieses Dichtungsband (als 10 m langes Band) paradoxerweise mehr kostet als ein einfacherer neuer Uni-Single-LNB, kommt eine solche Lösung nur für diejenigen in Frage, die bereits so ein Dichtungsband besitzen oder die für eine derartig kostspielige Anschaffung noch andere Anwendungsmöglichkeiten haben.

3.6.2 Montage und Anschluss des LNB

Die Montage und der Anschluss eines LNB gehören eigentlich zu den leichtesten Aufgaben, die auch ein technisch unerfahrener Mensch problemlos bewältigen kann. Der eigentliche Schwierigkeitsgrad hängt bei solchen Arbeiten nur davon ab, wie zugänglich der

Abb. 3.57: Ein *selbstverschweißendes* Dichtungsband zum Abdichten gegen Feuchtigkeit wird innerhalb von 30 Minuten zu einem schützenden Gummimantel (Foto/Anbieter: Conrad Electronic).

3.6 Der LNB

Hinweis

Wenn der neue LNB keine Schutzkappe hat, können Sie diese separat kaufen. Sie wird meistens als *„Wetterschutz-Tülle für F-Stecker"* bezeichnet. Die meisten der herkömmlichen LNB-Anschlüsse sind jedoch ohne Schutzkappen auf den LNB montiert und es hat keine technischen Nachteile bzw. es verursacht keine Probleme, insofern das Antennenkabel mit dem F-Stecker ordentlich verbunden ist. Eine Schutzkappe bzw. Schutztülle ist kein „Muss" und es lohnt sich nicht, dass Sie in ihre Anschaffung und Montage zu viel Zeit und Geld investieren, denn die nächsten zehn Jahre wird eine solche Steckverbindung (wie bei „Schritt 4" abgebildet) auch ohne eine Schutzkappe zuverlässig dienen. Inzwischen wird wahrscheinlich ohnehin die neu errichtete oder erneuerte Sat-Anlage wieder antik sein, denn die neuen Techniken werden weiterhin neue Kommunikationswege öffnen und die bestehenden Übertragungs- und Empfangssysteme werden eines Tages möglicherweise sowieso unbrauchbar.

Sat-Spiegel ist. Eine Montage des LNB auf einem hohen Dach ist für einen, der in einem Zirkus groß geworden ist, kein Problem. Wohl aber für jemanden, der schon beim Aufhängen von Gardinen unter Höhenangst leidet oder erfahrungsgemäß auch von der kleinsten Trittleiter herunterzufallen pflegt. In diesem Zusammenhang muss daher jeder selbst gut einschätzen, was er sich zumuten darf.

Die eigentliche Montage des LNB haben wir bereits im vorhergehenden Kapitel im Zusammenhang mit dem Auswechseln eines analogen LNB durch einen universalen (digital-tauglichen) LNB erläutert.

Wird jedoch ein neues LNB in einen neuen Sat-Spiegel montiert, fällt – im Vergleich zu dem vorher beschriebenen Auswechseln des LNB – noch das Anbringen des Antennen-Koaxialkabels an. Genau genommen wird in den meisten Situationen erst die Anschaffung dieses Koaxialkabels und der benötigten Stecker fällig, mit denen das Antennenkabel an beiden Enden versehen wird.

3.7 Das richtige Antennen-Koaxialkabel

Mit der eigentlichen Anschaffung eines solchen Antennen-Koaxialkabels („Koaxkabels") wäre es sehr einfach, gäbe es nicht die vielen irreführenden Bezeichnungen die einen, der alles besonders gut machen will, total verunsichern können: Da gibt es *„TV-Koaxkabel- 75 Ω (Ohm)"* oder *„Sat-Spezial-Koaxkabel-75 Ω"* oder *„Digital-Sat-Spezial-Koaxkabel-75Ω"* oder *„Twin-Sat-Koaxkabel-75 Ω* usw. Für die sparsamere Käuferschicht gibt es dann auch noch preiswertere Koaxialkabel, die nur schlicht als *„Sat-Koaxialkabel 75 Ω"* bezeichnet werden. Die sogenannte *Impedanz von 75 Ohm* haben alle handelsüblichen Antennen-Koaxialkabel und es gibt in dieser Hinsicht keine Abweichungen (z. B. keine Antennen-Koaxialkabel, deren Impedanz niedriger oder höher wäre). Diese Impedanz haben jedoch **nicht** alle abgeschirmten Kabel sowie Mikrofonkabel, Gitarrenkabel usw. die als Antennenleitungen für Fernsehsignale absolut ungeeignet sind.

Worauf kommt es nun wirklich an? Tatsache ist, dass für die Verbindung des LNB mit dem Receiver unbedingt ein 75-Ohm-Antennen-Koaxialkabel erforderlich ist, das überwiegend in zwei Grundausführungen nach Abb. 3.58 angewendet wird.

Alle solche Antennen-Koaxialkabel haben eines gemeinsam: Den einen Leiter bildet ein Kern aus massivem Kupferdraht, den anderen „Leiter" bildet die geflochtene Abschirmung, die den inneren Leiter gegen Störungen von außen schützt. Diese Abschirmung schützt gleichzeitig die „Umgebung" vor Störungen, die der Kern des Kabels nach außen ausstrahlen könnte.

Der Schutz, den die Abschirmung des Antennenkabels bietet, hat einen gehobenen Stellenwert an Standorten, in deren Nähe sich ein Telefon-Funksender oder andere Störquellen befinden. In dem Fall dürfte etwas mehr auf das sogenannte **Schirmungsmaß** des Koaxkabels geachtet werden: Ein Standard-Schirmungsmaß

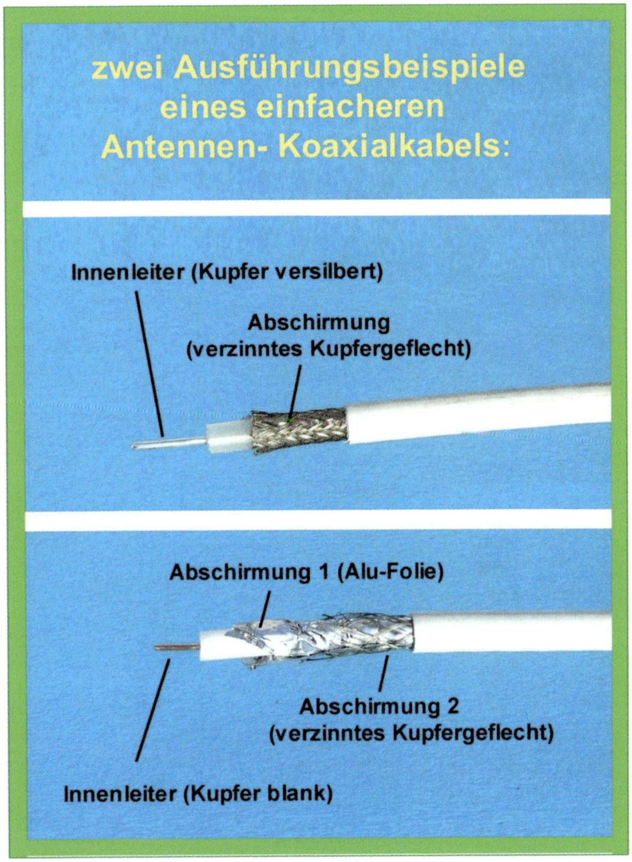

Abb. 3.58: Ausführungsbeispiele von zwei „Sat-Antennen-tauglichen" Koaxialkabeln

wird bei diesen Koaxkabeln mit „**>75 dB**" (= größer als 75 Dezibel) angegeben. Koaxkabel mit einer besseren Abschirmung haben ein Schirmungsmaß zwischen „**>90 dB**" (= größer als 90 Dezibel) und ca. „**120 dB**".

Wer das Antennenkabel in einem ruhigeren Wohngebiet in einem kleineren Haus verlegt, der braucht sich mit der Frage des optimalen Schirmungsmaßes nicht unbedingt auseinanderzusetzen (genau genommen

3.7 Das richtige Antennen-Koaxialkabel

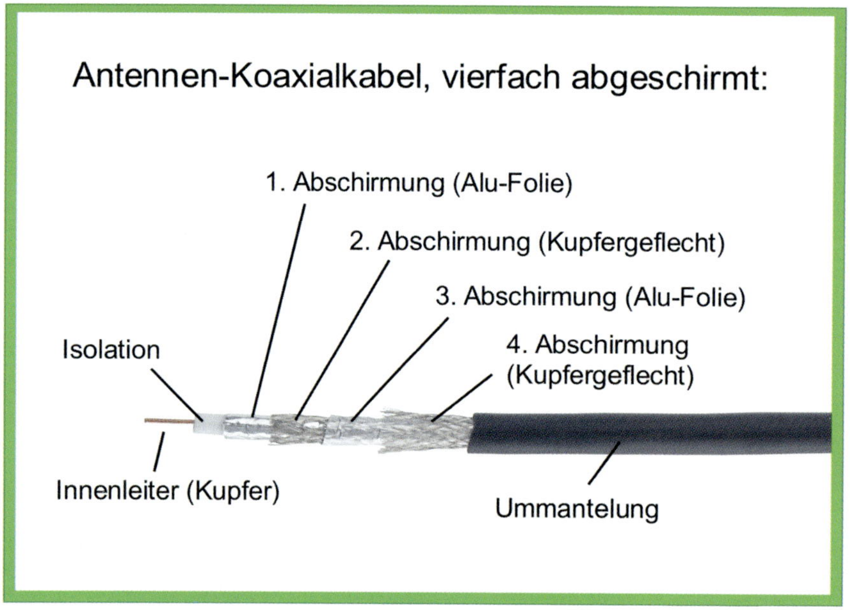

Abb. 3.59: Ausführungsbeispiel eines Sat-Antennen-Koaxialkabels für höhere Anforderungen

darf er vergessen, dass es so etwas überhaupt gibt).

Mit der „Qual der Wahl" ist es aber noch nicht ganz ausgestanden: Bei den sehr hohen Frequenzen, mit denen wir bereits bei den herkömmlichen digitalen Signalen konfrontiert werden, entstehen in den Koaxialkabeln höhere Verluste „in der Leitung" als bei den analogen Signalen. Dies wird vor allem durch die Kapazität des Koaxialkabels verursacht, die sich auf das Fernsehsignal als ein Kondensator auswirkt, der dieses Signal „unterwegs zum Receiver" teilweise gegen die Masse (gegen die Abschirmung) leitet. Je niedriger die Kapazität (pro Meter Kabellänge) eines

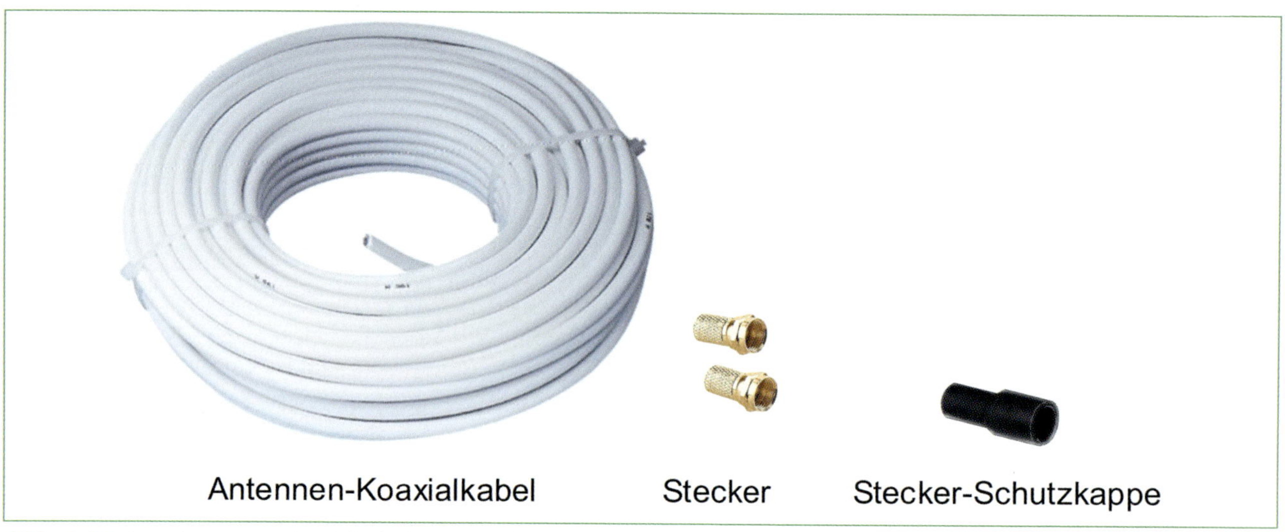

Abb. 3.60: Das Antennen-Koaxialkabel mit den dazugehörenden Steckern ist wahlweise als „Sat-Anschluss-Kit digital" oder als „Meterware" erhältlich.

Koaxialkabels und je niedriger die Frequenz des Signals ist, desto niedriger sind auch die Signal-Verluste, die in der Leitung entstehen und als sogenannte **Dämpfung** unter den technischen Daten eines Koaxialkabels angegeben werden.

Einem Elektroniker ist dieses Phänomen bekannt. Ein „Uneingeweihter" braucht sich damit zwar den Kopf nicht zu zerbrechen, aber er dürfte sich bei der Auswahl des optimalen „digital-tauglichen" Koaxialkabels (bei Bedarf) an der Dämpfung des einen oder anderen Koaxialkabels orientieren. Sie wird bei den Antennen-Koaxialkabeln per 100 m angegeben und bezieht sich immer auf die jeweilige übertragene Frequenz. Damit braucht sich zwar ein „Gelegenheits-Sat-Antennen-Errichter" sicherlich nicht das Leben schwer zu machen, aber er kann die Qualität diverser Antennenkabel auf die Weise vergleichen, dass er einfach nur als „Zahlen" die in den technischen Daten angegebene Dämpfung in dB (Dezibel) bei derselben Frequenz vergleicht.

Die Dämpfung hängt bei allen Kaoxialkabeln vor allem von dem Kabel-Durchmesser ab. Genauer genommen hängt sie von der Größe des nicht leitenden (isolierenden) Zwischenraums zwischen dem Kern des Kabels und seiner Abschirmung ab: Je größer der Zwischenraum (je dicker das Kabel), desto niedriger ist die Dämpfung – und damit der Signalverlust in der Leitung.

Bei längeren Antennen-Zuleitungen kann eine zu hohe Dämpfung das Signal wahrnehmbar schwächen. Unter Umständen kann zwar ein dazwischen geschalteter Signalverstärker eine Abhilfe schaffen, aber jede unnötige Signalverstärkung wirkt sich auf die Bildqualität negativ aus (auch wenn dies bei einem guten Verstärker in Kauf genommen werden darf). Ein Antennensignal-Verstärker ist allerdings auch in fast allen elektronischen Umschaltern (DiSEqC-Schaltern) integriert, um die „Anschlussdämpfung" zu reduzieren, die durch die Verteilung der Signale an mehrere Teilnehmer-Anschlüsse (Receiver) entsteht.

Beispiel

Bei einem Digital-Sat-Koaxkabel wird eine ***Dämpfung von 24 dB*** bei einer Frequenz von 2400 MHz (Megahertz) angegeben. Bei einem anderen Sat-Koaxkabel wird *bei derselben Frequenz* eine ***Dämpfung von 43 dB*** angegeben. Die Dämpfung dieses zweiten Kabels ist also deutlich höher, was **höhere** Signalverluste zur Folge hat. In der Praxis wirkt sich ein solcher Unterschied bei kürzeren Leitungen unterhalb von ca. 10 bis 15 m Länge nur relativ unbedeutend und nicht wahrnehmbar aus. Dies auch deshalb nicht, weil moderne Geräte (in diesem Fall die Receiver) das ihnen zugeführte Signal ausreichend verstärken und anpassen können.

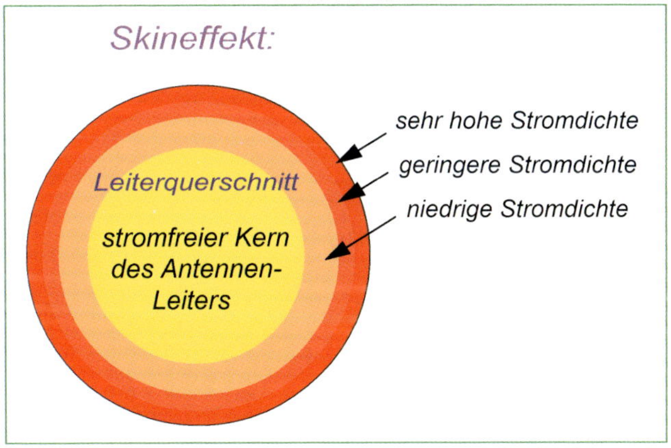

Abb. 3.61: Skineffekt: Bei Wechselspannungen hoher Frequenzen konzentriert sich die Stromdichte überwiegend auf die Randpartien des Leiters und mit wachsenden Frequenzen wird das Leiterinnere zunehmend stromfrei.

3.7 Das richtige Antennen-Koaxialkabel

Aller guten Dinge sind drei: Als Dritter im Bunde dürfte bei einem Sat-Koaxialkabel der sogenannte **Skineffekt** angesprochen werden. Wie wir wissen, strömt normalerweise der elektrische Strom vollflächig durch die ganze Masse des Leiters (des Drahtes). Bei sehr hohen Frequenzen, mit denen alle TV-Signale ausgestrahlt und bearbeitet werden, setzt sich jedoch bei der Signalübertragung ein ganz komisches Phänomen durch, das als Skineffekt bezeichnet wird: Das Signal „läuft" nicht vollflächig durch die Ader des Antennenkabels, sondern bewegt sich nach Abb. 3.61 nur in der Nähe der Oberfläche des Leiters fort.

Da könnte man zwar meinen: „das ist ja nicht mein Problem". Der Haken an diesem Effekt ist, dass sich an das übertragene Fernsehsignal jede Unebenheit in der Oberfläche als Bremse oder als Stolperstein auswirkt. Aus diesem Grund darf das TV-Koaxkabel nicht aus zu vielen Einzelstücken bestehen, da jede Verbindung (oder Durchverbindung) einen Stolperstein für das Signal darstellt und dieses schwächt. Im Prinzip stellt sogar eine TV-Wand-Dose einen solchen Stolperstein dar. Wer sich seine Sat-Zuleitung selber anlegt, kann auf eine solche unnötige Verbindung verzichten und das Koaxialkabel nur z. B. durch eine Bohrung in einer Kunststoff-Abdeckung oder in einem Unterputz-Dosendeckel (nach Abb. 3.62) – bzw. auf eine andere Weise – ohne Unterbrechung direkt bis an den Receiver-Antennenanschluss führen. Das spart unnötige Ausgaben für eine spezielle Antennen-Steckdose und zudem auch unnötige Fernsehsignal-Verluste.

Der Vollständigkeit halber dürfte im Zusammenhang mit dem Skineffekt die Tatsache angesprochen werden, dass mit steigendem Durchmesser des Leiters (der Ader eines Koaxialkabels) die Signalverluste ebenfalls sinken. Aus dieser Sicht verdient ein Kabel mit einem der gängigen Aderdurchmesser von Ø 1

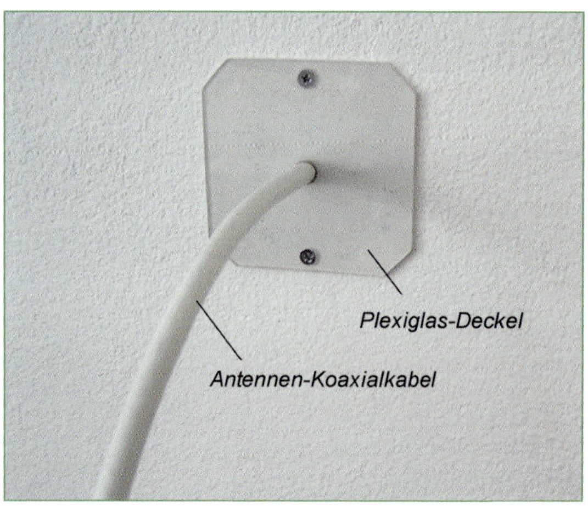

Abb. 3.62: Ein eigenhändig angefertigter Durchgangs-Dosendeckel (aus Plexiglas) für den Antennenanschluss eines Receivers.

Bemerkung

Obwohl es für die eigentliche Installation einer Sat-Anlage nicht von Bedeutung ist, könnte so mancher Leser berechtigterweise darüber grübeln, wo der LNB wohl die Versorgungsspannung für seine Elektronik hernimmt: Er erhält sie von dem Receiver über das Koaxialkabel (sozusagen im „Gegenverkehr" zu dem Antennensignal). Der Kern und die Abschirmung des Koaxialkabels bilden hier die zwei Leiter der Versorgungsspannung des LNB und fungieren zudem auch noch als Zuleitung der Umschalt- und Steuersignale, die der LNB von seinem Receiver erhält. Neben dem LNB bezieht über das Koaxialkabel dieselbe Versorgungsspannung eventuell auch ein kleinerer elektronischer „DiSEqC"-Umschalter oder Multischalter, wenn er über kein eigenes Netzteil verfügt. Solche Schalter sind jedoch nur für spezielle Aufgabenbewältigungen erforderlich, die bereits im Zusammenhang mit *Abb. 3.20 und 3.21 (auf den Seiten 45 und 46)* erklärt wurden.

bis 1,2 mm Vorrang vor einem Kabel mit einer dünneren Ader – von z. B. nur Ø 0,7 mm (was vor allem bei längeren Antennenleitungen mitberücksichtigt werden dürfte).

Wenn aber eine Sat-Antennen-Koaxialleitung nicht länger als ca. 10 Meter ist, und Sie wohnen in einer Wohngegend, in der Ihre Nachbarn bisher keine andauernden Störungen beim Sat-Empfang hatten, können Sie für Ihren Antennenanschluss bedenkenlos einfach ein preiswertes 75-Ohm-Koaxial-Antennenkabel verwenden.

Bliebe noch darauf hinzuweisen, dass die Antennen-Koaxialkabel in Hinsicht auf die anwendungsgerechte Ummantelung in drei Gruppen eingeteilt werden:

a) Koaxialkabel für *Hausinstallation*
b) Koaxialkabel für *Außenanwendung* (UV-beständig)
c) Koaxialkabel für *Erdverlegung*

Koaxialkabel für Hausinstallation haben eine Ummantelung, die nicht ausreichend UV-beständig ist. Dieses Handicap hat theoretisch zur Folge, dass die Ummantelung des Kabels im Laufe der Jahre hart und brüchig werden kann, wenn das Kabel im Außenbereich den Sonnenstrahlen ausgesetzt ist. Ihre Anwendung kommt daher vor allem bei Installationen in Frage, die z. B. von einem innen untergebrachten Verteiler oder DiSEqC-Schalter zu einzelnen Receivern führen – wie die Skizze aus *Abb. 3.63* zeigt. Oft weist jedoch das Kabel für Außenanwendung auch bessere elektrische Parameter (niedrigere Signalverluste) auf als das einfachere Kabel für Hausinstallation und dürfte daher auch für die Antennen-Zuleitungen von dem DiSEqC-Schalter zu einzelnen Receivern vorrangig verwendet werden.

Koaxialkabel für Außenanwendung eignen sich selbstver-

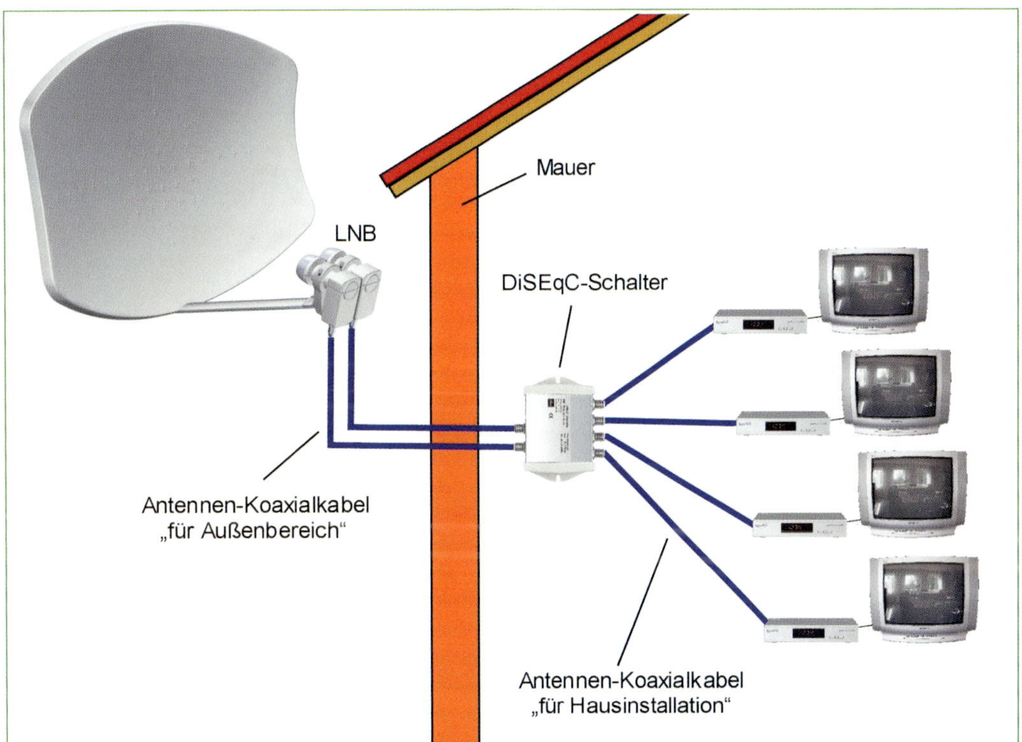

Abb. 3.63: Anwendungsbeispiel von zwei unterschiedlichen Koaxialkabel-Ausführungen

3.7 Das richtige Antennen-Koaxialkabel

ständlich auch für Innenleitungen und werden bei Antennen-Zuleitungen, die ohne Unterbrechung vom LNB zum Receiver führen, verwendet. Sie sind zwar etwas teurer als die Koaxialkabel für das Hausinnere, aber man stückelt die Zuleitung in Außen- und Innenkabel nicht, um wegen eines geringen Preisvorteils dem Fernsehsignal einen unnötigen „Stolperstein" (in Form einer Verbindung) in den Weg zu stellen.

Koaxialkabel für Erdverlegung werden bei kleinen privaten Sat-Anlagen dann angewendet, wenn z. B. der Sat-Spiegel nach Abb. 3.64 an einem Mast im Garten aufgestellt wird und die Zuleitung ins Haus unter der Erde erfolgt.

Das eigentliche Koaxialkabel sollte unbedingt in Sand verlegt werden, der um ihn eine Ummantelung bildet, die ihn von allen Seiten vor Beschädigung durch

Bemerkung

Die Tiefe der Erdverlegung können Sie bei einem Antennenkabel selber bestimmen, denn die Versorgungsspannung, die durch das Kabel zu dem LNB fließt, ist völlig harmlos. Das Kabel sollte dennoch gegen versehentliche Beschädigungen bei späteren Erdarbeiten (Pflanzen von Bäumen, Anlegen von Beeten usw.) geschützt werden. Eine Abdeckung mit alten Dachpfannen, Fliesen oder mit ca. 5 cm dicken Styroporplatten, die tief genug sind, um bei vorsehbarem Graben im Garten nicht „zu hoch" im Wege zu stehen, reicht bei so einem eigenhändig vorgenommenen Projekt aus.

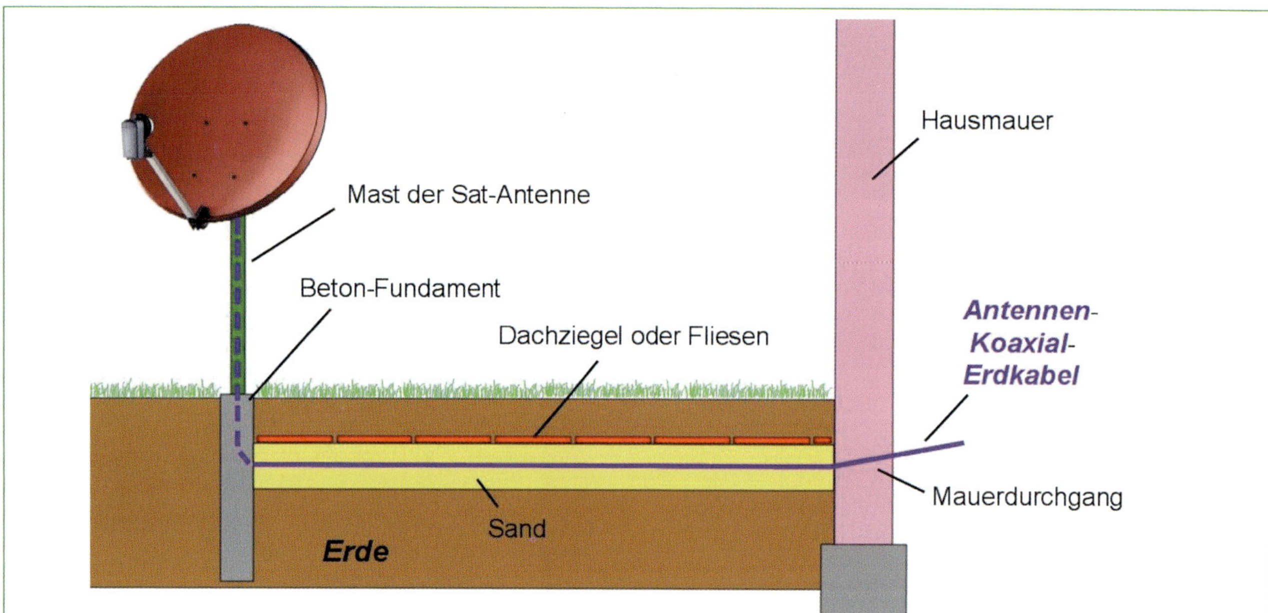

Abb. 3.64: Koaxialkabel für Erdverlegung eignen sich z. B. für den Anschluss von Sat-Antennen, die außerhalb des Hauses aufgestellt werden.

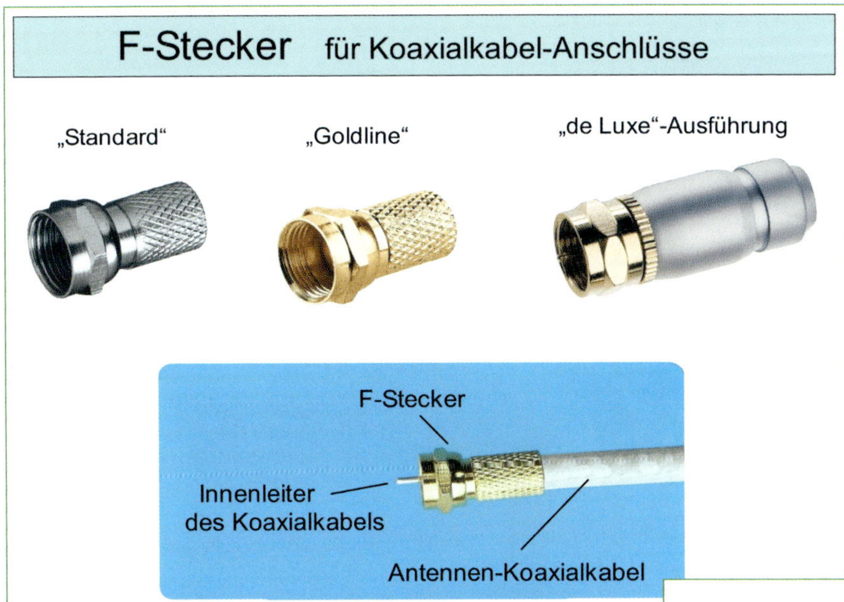

Abb. 3.65: *oben*: Ausführungsbeispiele der gängigsten F-Stecker (Axial-F-Stecker); *unten*: der Innenleiter des Koaxiakabels bildet bei diesen Steckern den einen Pol der Steckverbindung und der Stecker selbst bildet den zweiten Pol.

Steine (und Steinchen) schützt, die im Erdboden oft etwas „herumschwimmen“. Alternativ kann das Koaxialkabel zusätzlich z. B. durch eine PVC-Elektroinstallations-Rohrleitung oder durch einen alten Gartenschlauch in voller Länge geschützt werden.

3.7.1 Die Antennenstecker

Alle LNBs sind einheitlich für einen sogenannten *F-Stecker-Anschluss* ausgelegt. Als ***F-Stecker*** wird ein Stecker nach *Abb. 3.65* bezeichnet. Achten Sie bitte beim Kauf darauf, dass diese Stecker an der Seite, die auf das Koaxialkabel heraufgeschraubt (heraufgedreht) wird, für unterschiedliche Durchmesser des Koaxialkabels ausgelegt sind. Messen Sie daher vor dem Kauf den Durchmesser Ihres Koaxialkabels oder kaufen Sie den Stecker gleichzeitig mit dem Koaxialkabel und weisen Sie darauf hin, dass der Stecker passend sein soll.

Ein normal denkender Mensch dürfte als selbstverständlich annehmen, dass auch das andere Ende des Koaxialkabels, das an den Receiver angeschlossen wird, ebenfalls mit demselben F-Stecker versehen werden sollte. Diesen an sich logischen Gedanken berücksichtigen zwar viele Receiver-Hersteller, aber es gibt auch „Spielverderber“, die einer Antennen-Steckverbin-

Abb. 3.66: Die Antennen-Koaxialkabel haben einen unterschiedlichen Außendurchmesser, der beim Kauf eines passenden F-Steckers bekannt sein sollte.

3.7 Das richtige Antennen-Koaxialkabel

3.7 Das richtige Antennen-Koaxialkabel

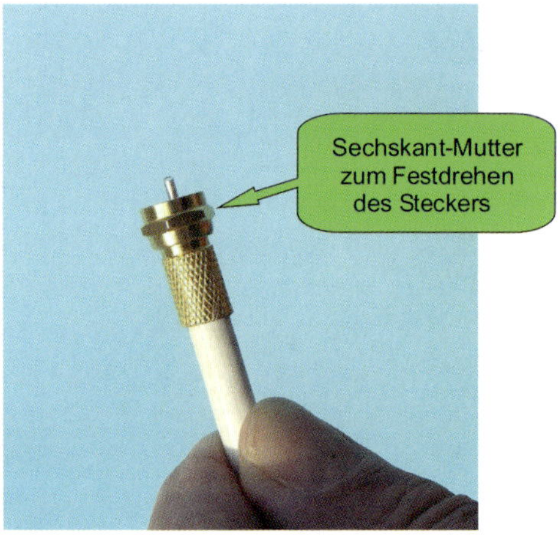

Abb. 3.67: Der F-Stecker hat eine Sechskant-Überwurfmutter die mit einem 11-mm-Gabelschlüssel fest- bzw. aufgedreht werden kann.

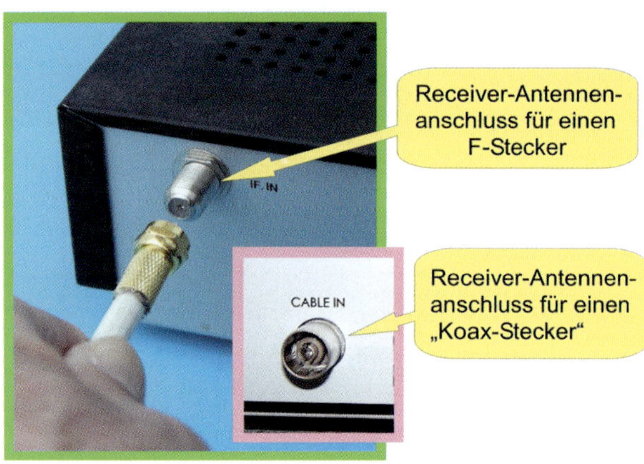

Abb. 3.68: Ende gut, alles gut: Das Antennenkabel benötigt an seinem Ende (an dem Receiver-Anschluss) – je nach der Receiver-Type – entweder einen F-Stecker oder einen herkömmlichen Koax-Stecker.

Abb. 3.69: Der F-Stecker wird an der Receiver-Seite an das Antennenkabel auf dieselbe Weise angeschlossen wie an der LNB-Seite.

dung (Koax-Steckverbindung) Vorrang geben, die wir von herkömmlichen Fernsehern kennen (Abb. 3.68 und 3.70). Das ist an sich kein Problem, aber es sollte daher beim Kauf des Antennen- Zubehörs darauf geachtet werden, für welche Art des Steckers die Antennen-Buchse am Receiver ausgelegt ist.

Montage der Antennen-Stecker

Die Montage de Antennen-Stecker ist zwar sehr einfach, aber einfach ist vieles, wenn man es kann. Wer nicht beruflich des Öfteren Antennen-Stecker auf Koaxkabel montiert, dem dürfte die folgende Anleitung unnötiges Grübeln ersparen:

Anfangen sollte man mit dem bekannten Kochbuch-Satz „man nehme ...". Was nimmt man aber in diesem Fall am besten? Wer den Weg des kleinsten Widerstandes gehen möchte, der kann sich z. B. einen kompletten Bausatz kaufen, der aus einem Antennen-Koaxialkabel mit Stecker-Zubehör und Wetterschutz-Tüllen besteht. Möchten Sie sich lieber selber das passende (oder sogar das beste) Koaxialkabel als „Meterware" aussuchen und das Zubehör nach eigenem Geschmack zusammensuchen, dann lesen Sie sich nochmals durch, was wir dazu vorher in diesem Buch geschrieben haben.

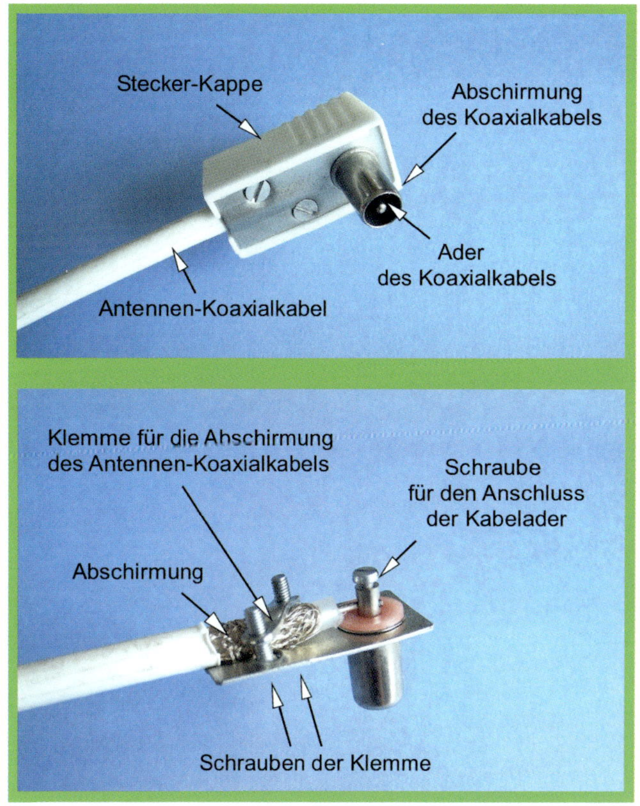

Abb. 3.70: An einen *Koax-Stecker* wird das Antennenkabel wie abgebildet festgeschraubt.

Für eilige Leser

Die sogenannte ***F-Steckverbindung***, die auf das Ende (auf das Geflecht der Abschirmung) eines Koaxialkabels mit der Hand aufgeschraubt wird, sollte auf den Außendurchmesser des Kabels abgestimmt werden. Diese Steckverbindungen sind in Größen eingeteilt, die in der Form von z. B. ***„für Kabel 6 mm Außen-Ø"*** oder ***„für Kabel 7,5 mm Außen-Ø"*** bezeichnet werden – worauf beim Kauf der Steckverbindungen zu achten ist. Ist der Antennenanschluss des Receivers für dieselbe F-Steckverbindung ausgelegt, dann erhalten beide Enden des Antennenkabels dieselben Stecker. Ist jedoch der Receiver mit einer Koax-Buchse nach *Abb. 3.68 rechts* versehen, dann muss an das Kabelende ein Koax-Stecker nach *Abb. 3.70* angeschlossen werden – es sei denn, das „Kabelende" an der Seite des Receivers wird *nicht* direkt bis an den Antenneneingang des Receivers, sondern oft nur an eine Wand-Anschlussdose *(Abb. 3.71)* geführt.

3.7 Das richtige Antennen-Koaxialkabel

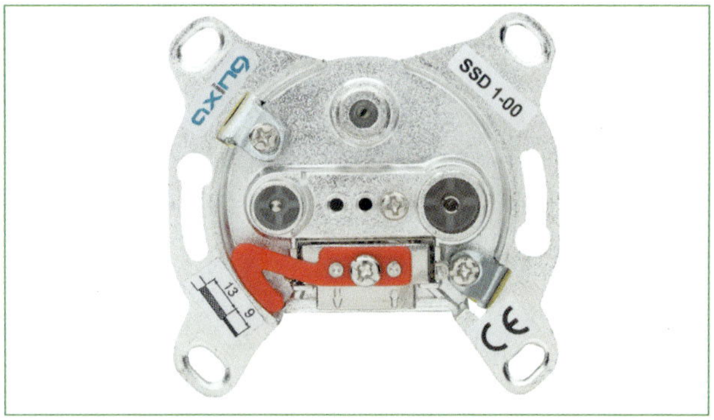

Abb. 3.71: Eine Sat-Anschlussdose ist zwar „technisch elegant", aber – wie bereits an anderer Stelle erläutert wurde – bildet sie ein „Zwischenglied", in dem ein Signalverlust (in der Form einer *Dämpfung* von ca. 10 dB) entsteht.

Erforderliches Werkzeug:

a) Scharfes Messer

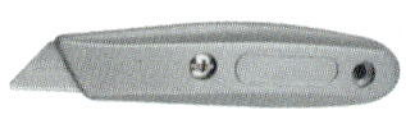

b) Flachrundzange

c) Feiner Seitenschneider

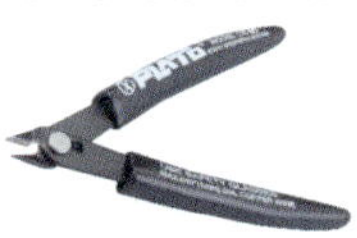

d) Gabelschlüssel (ca. 11 mm)

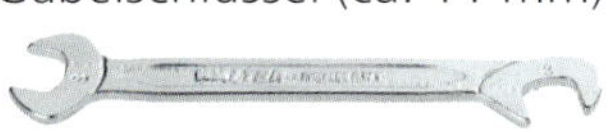

Benötigtes Material:

a) Koaxialkabel
b) F-Steckverbindungen oder eine F-Steckverbindung und ein Koaxial-Stecker (passend zu dem Antennenanschluss des jeweiligen Receivers)
c) Wetterschutz-Tüllen für Außen-F-Stecker (wenn erforderlich)

Benötigte Arbeitszeit:

ca. 15 Minuten pro Steckverbindung

Jetzt zeigen wir Schritt für Schritt, wie das Ende eines Antennen- bzw. Sat-Koaxialkabels mit einer Steckverbindung verbunden wird:

Schritt 1

Kabel sezieren

Um die Ummantelung des Koaxialkabels entfernen zu können, wird sie erst länglich mit einem feinen Messer vorsichtig aufgeschlitzt. Dabei darf die geflochtene Abschirmung, die unter der dünnen Ummantelung ist, nicht beschädigt werden. Wenn Sie so etwas noch nie gemacht haben, probieren Sie es einfach erst am Kabelende aus und sehen Sie sich an, wie kooperativ sich die Kabelummantelung für Ihren Eingriff zeigt. Alles klar? Die definitive „Entmantelung" des Kabels – und somit auch der längliche Einschnitt – sollte etwa um 1 cm länger sein als die verwendete Steckverbindung (markieren Sie das Kabel eventuell mit einem Filzstift).

Schritt 2

Ringsum aufschneiden

Schneiden Sie die Ummantelung – wie abgebildet – ringsum dort auf, wo sie entfernt werden soll. Schneiden Sie aber nicht so tief in die Ummantelung ein, dass dabei die geflochtene Abschirmung beschädigt wird.

Schritt 3

Ummantelung abziehen

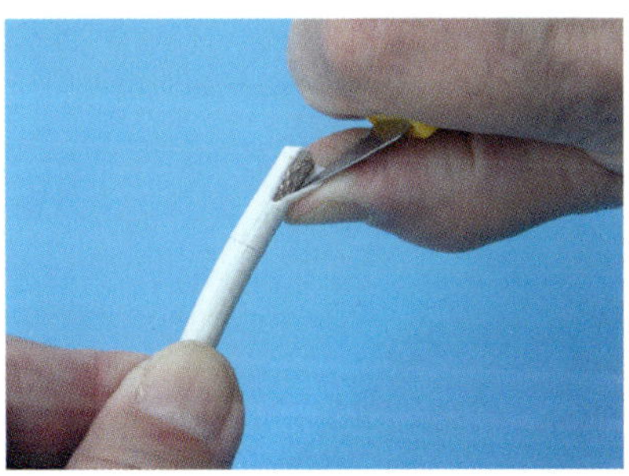

Ziehen Sie die Ummantelung anschließend ab. Wo sie dabei widerstrebt, kann sie noch vorsichtig mit dem Messer oder mit einem feinen Seitenschneider durchgetrennt werden.

Schritt 4

Abschirmung

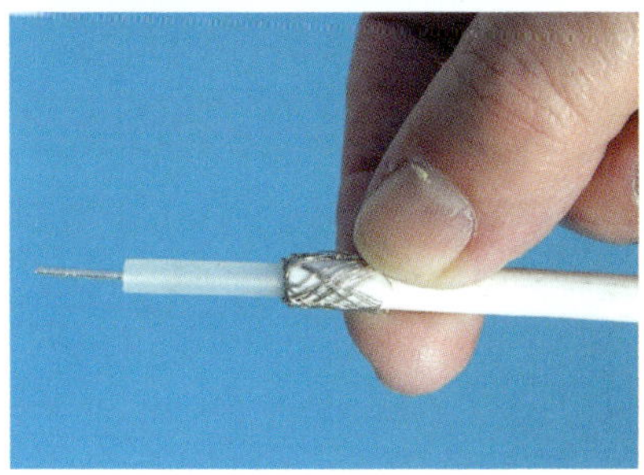

Lockern Sie nun mit den Fingern oder mit einem kleinen Schraubendreher die Abschirmung etwas und ziehen Sie sie wie abgebildet über die Ummantelung des Kabels zurück.

Schritt 5

Innenleiter

Schneiden Sie mit dem Messer die Isolation des Innenleiters etwa 5 bis 6 mm von der weggedrückten Abschirmung – wie abgebildet – ringsum sehr vorsichtig an.

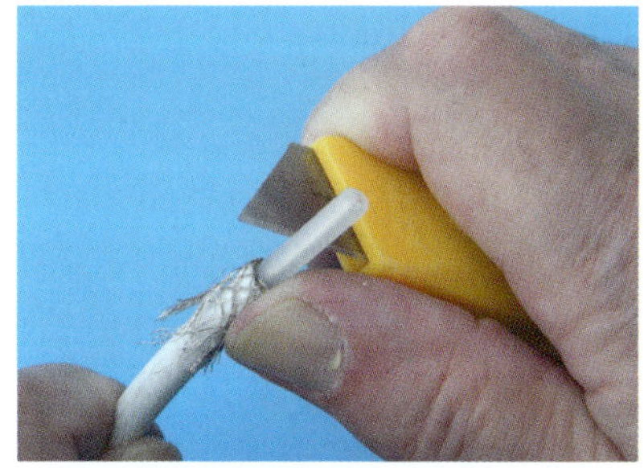

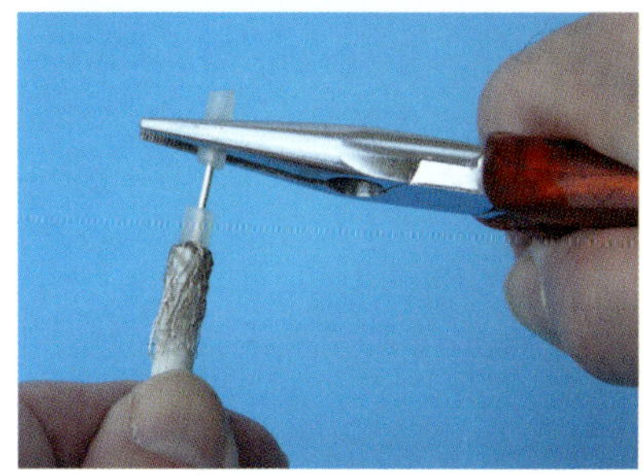

Der Innenleiter darf dabei nicht beschädigt (auch nicht leicht gekratzt) werden! Ziehen Sie danach mit einer Flachrundzange (oder mit den Fingern) die Isolation von dem Innenleiter ab. Drehen Sie dabei die Isolation etwas um ihre Achse, um sie von dem Kabel zu trennen.

Schritt 6

Wetterschutz

Für Außen-Steckverbindungen gibt es Stecker-Schutzkappen, die schützend über die F-Stecker geschoben werden können. Diese zusätzliche Schutzmaßnahme hat zwar nur bedingt einen tieferen Sinn, aber sie schadet nicht. Falls Sie diese Schutzhülle bereits besitzen, vergessen Sie nicht, sie *jetzt* anzubringen. Alternativ können Sie zwischen den unteren Rand des F-Steckers und dem Antennenkabel als Abdichtung etwas Bau- bzw. Fugensilikon auftragen (der obere Stecker-Teil mit dem Gewinde braucht nicht geschützt zu werden, da er nach dem Festdrehen ausreichend dichtet).

Schritt 7

Steckverbindung

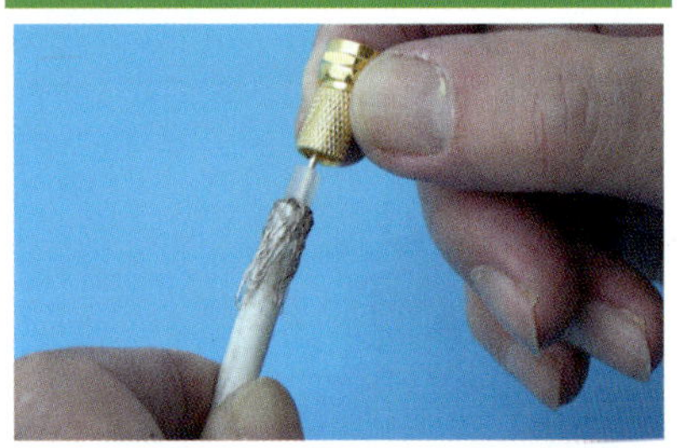

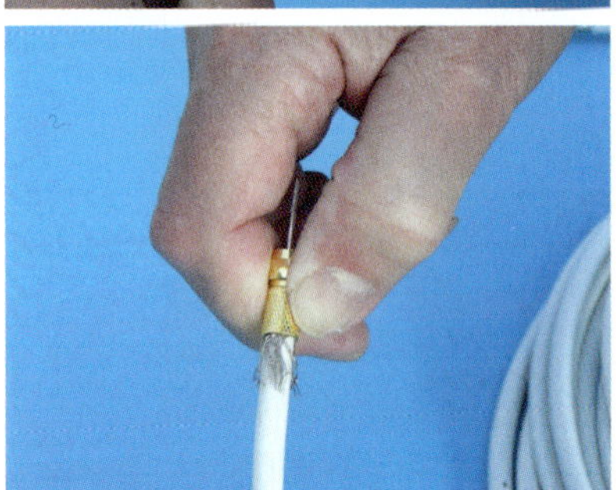

Schieben Sie die Steckverbindung auf das Kabel und drehen (schrauben) Sie sie mit den Fingern auf die geflochtene Abschirmung so fest und so weit wie nur möglich (= bis an den „Anstoß") auf. Wie Sie sehen, ist diese Steckverbindung kein kompletter Stecker, sondern nur eine Hülse, die nur die Abschirmung mit dem angeschlossenen Gerät verbindet. Den zweiten Teil des Steckers bildet hier der Innenleiter des Antennen-Koaxialkabels.

Schritt 8

Abschirmungsreste

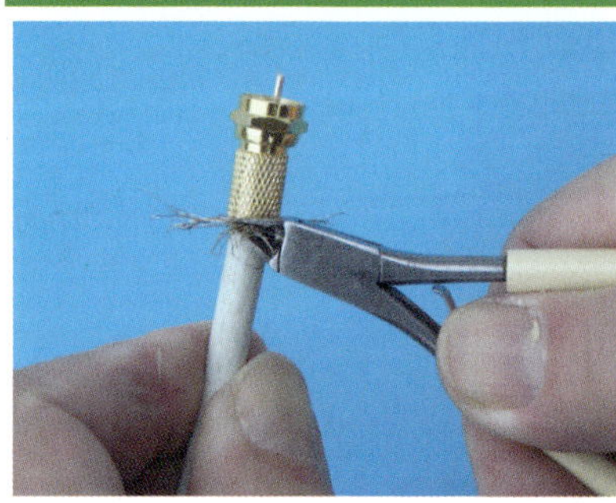

Zwicken Sie die herausstehenden Reste der Abschirmung mit einem feinen Seitenschneider ab.

Schritt 9

Der Innenleiter

Kürzen Sie nun den Innenleiter des Steckers so weit, dass er – wie abgebildet – etwa 2 bis 4 mm weit aus der Steckverbindung herausragt. Stellt sich eventuell heraus, dass Sie für die Buchse Ihres LNB den Innenleiter zu wenig gekürzt haben und dass sich dadurch der Stecker nicht voll auf das Verbindungsgewinde aufschrauben lässt, können Sie den Innenleiter noch etwas kürzen – allerdings nicht unterhalb von ca. 2 mm Überstand oberhalb der Stecker-Umrandung.

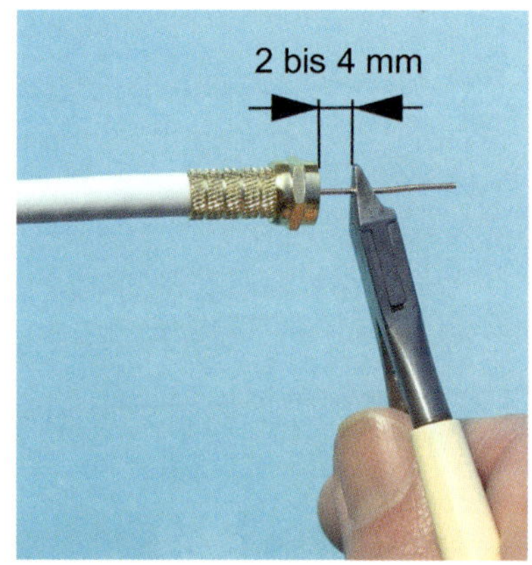

Sie können auch noch vor dem Kürzen des Innenleiters in die Buchse ein Stück Draht hineinstecken, um zu testen, wie tief sich der Innenleiter in sie hineinstecken lässt (das ist bei den Buchsen typenbezogen unterschiedlich).

Schritt 10

Der Anschluss

Jetzt können Sie die „F-Steckverbindung" auf die Buchse des LNB und evtl. auch auf die Buchse des Receivers anschließen (falls dieser ebenfalls für eine F-Steckverbindung ausgelegt ist). Drehen Sie die Steckverbindung jeweils erst vorsichtig mit den Fingern auf, danach mit einem 11-mm-Gabelschlüssel an dem LNB etwas kräftiger, an dem Receiver etwas sanfter zu.

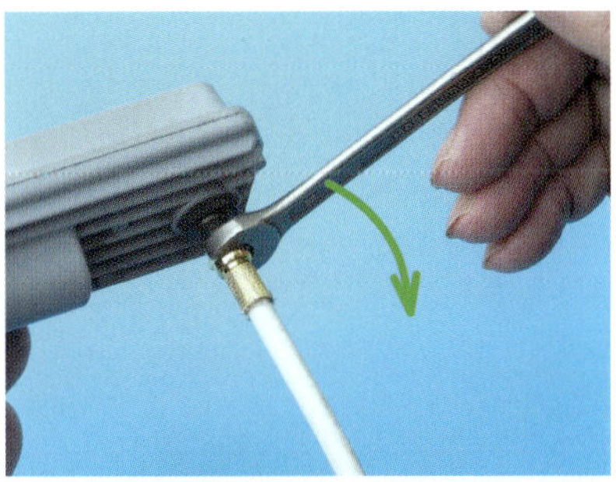

Alternativ können Sie die Steckverbindung auch direkt auf eine etwas „zusammengedrehte" Abschirmung des Kabels nur um die Isolation des Innenleiters anbringen, wenn es Ihnen leichter fällt. Die vorher beschriebene Anleitung ist zwar vor allem an der LNB-Seite vorteilhafter, denn auf diese Weise bildet die Steckverbindung mit dem Kabel – und somit auch mit dem LNB – eine kompaktere Einheit, aber für Innenräume und für Koaxialanschlüsse, die nicht zu sehr bewegt werden, genügt auch folgende Montage:

Schritt 1

Alu-Folie

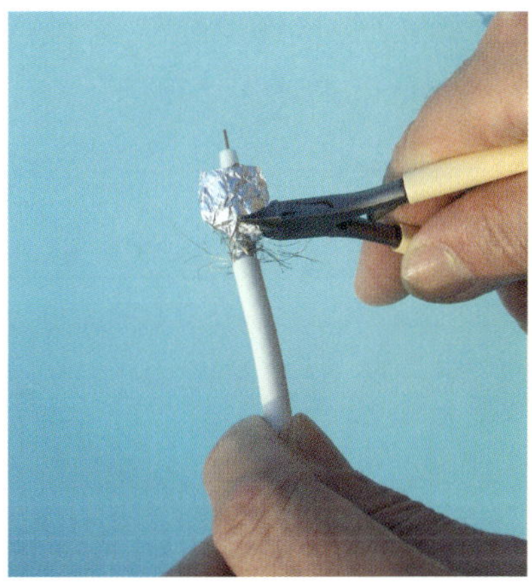

Nachdem Sie die Ummantelung am Ende des Koax-Kabels entfernt haben, drücken Sie die geflochtene Abschirmung des Kabels rundum etwas vom Kabel weg und schneiden Sie die Abschirmungs-Alu-Folie mit einem feinen Seitenschneider (oder mit einer Nagelschere) bis auf eine überstehende Länge von ca. 6 mm ab.

Schritt 2

Abschirmung

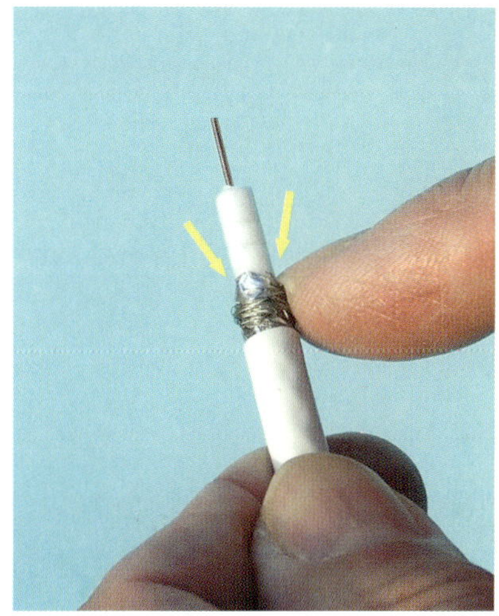

Stülpen Sie die geflochtene Abschirmung nach hinten und wickeln Sie alle Drähtchen des Drahtgeflechtes um das Kabel – wie abgebildet – im Uhrzeigersinn, sodass sich darauf die F-Verbindung mit den Fingern optimal passend anbringen lässt. Falls Sie so etwas noch nie gemacht haben, probieren Sie es einfach erst ein paar Mal aus.

Schritt 3

Innenleiter

Isolieren Sie den Innenleiter so ab, dass zwischen der aufgewickelten Abschirmung und dem kahlen Innenleiter noch etwa in Länge von

3.7 Das richtige Antennen-Koaxialkabel

4 bis 5 mm die schützende Isolierung bleibt.

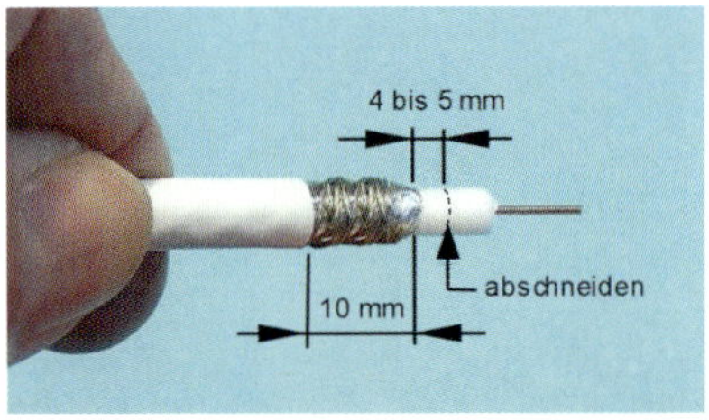

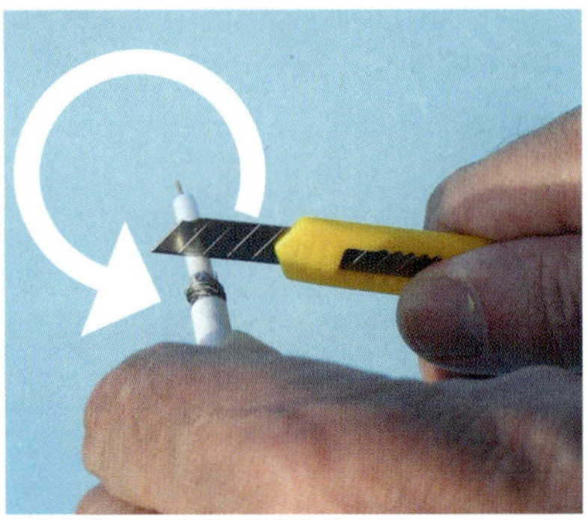

Schritt 4

F-Steckverbindung

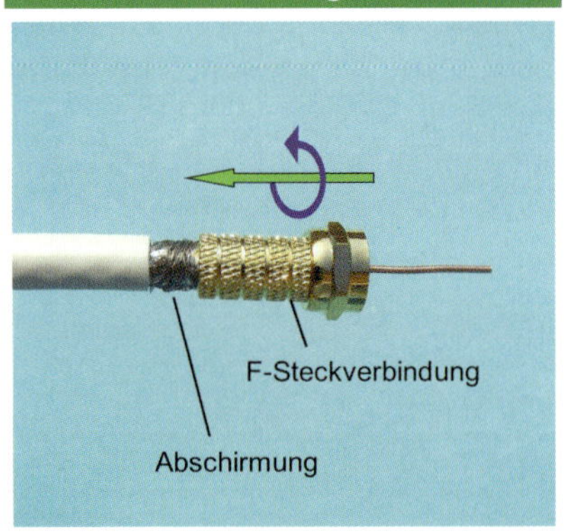

Vergewissern Sie sich, dass aus der aufgewickelten Abschirmung kein Drähtchen herausragt, das einen Kurzschluss zwischen der Abschirmung und dem Innenleiter verursachen könnte. Drehen Sie die F-Steckverbindung so auf das Endstück auf, dass sie einen guten Kontakt mit der Abschirmung hat und am Kabel fest hält. Kürzen Sie anschließend den Innenleiter des Kabels so ab, dass er ca. 2 bis 4 mm weit aus der Steckverbindung herausragt – wie bei der vorhergehenden Anweisung in Schritt 9 auch bildlich dargestellt ist.

Montage eines Antennen-Koax-Steckers:

Die eigentliche Abisolierung und Vorbereitung des Koaxialkabels für den Anschluss eines Antennen-Koax-Steckers erfolgt auf dieselbe Art, wie bei den vorhergehenden vier Schritten beschrieben wurde. Um diesen Stecker an das Antennen-Koaxialkabel anbringen zu können, wird erst die Schutzkappe des Steckers abgenommen *(Abb. 3.72)* und das Kabel wird nach dem Beispiel in *Abb. 3.70* angeschlossen. Dabei ist darauf zu achten, dass wirklich keines der Drähtchen der Abschirmung einen Kurzschluss mit der Klemme der Kabel-Ader macht bzw. auch bei eventueller Bewegung des Kabels machen kann.

Mauerdurchführungen für das Sat-Antennenkabel

Eine Mauerdurchführung setzt eine einfache Durchbohrung der Mauer voraus, die an der Mauer eines eigenen Hauses leicht durchführbar ist – vorausgesetzt, man bevorzugt nicht eine einfachere Lösung. Zu den einfacheren Lösungen gehört unter anderem die Anwendung eines speziellen Antennen-Flachband-Durchführungskabels nach *Abb. 3.73,* das

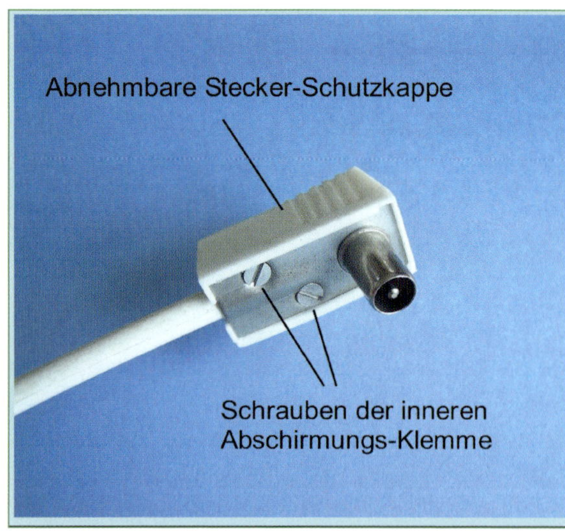

Abb. 3.72: Die Schutzkappe des Antennen-Koax-Steckers ist auf dem Stecker nur eingeklickt und kann leicht abgezogen (und wieder aufgesetzt) werden.

3.7 Das richtige Antennen-Koaxialkabel

Hinweis

Sat-Anlagen sind oft als kostengünstige und leicht installierbare Sets erhältlich, die einen Sat-Spiegel, einen LNB (wahlweise auch mehrere LNBs) und einen passenden Receiver beinhalten. Bei der Anschaffung eines solchen Sets ist jedoch darauf zu achten, dass alle seine Bausteine auch wirklich den vorgesehenen Anforderungen optimal entsprechen. Damit ist beispielsweise gemeint, dass der Receiver eines kostengünstigen Sets möglicherweise über keine Festplatte für die Aufnahme und Speicherung der Fernsehsendungen verfügt, obwohl man auf diese Funktion nicht verzichten möchte usw.

eine direkte Fenster- oder Türdurchführung der Antennenzuleitung ermöglicht, ohne dass etwas gebohrt oder gestemmt werden müsste. Dieses Kabel ist nur als ein kurzes, flexibles Verbindungsstück ausgeführt, das an beiden Enden mit normalen Antennen-F-Connectoren (F-Steckern) versehen ist. Die Antennen-Zuleitung (vom Sat-Spiegel bzw. von einem elektronischen „DiSEqC-Schalter") sowie auch die anschließende Antennenleitung zum Receiver erfolgen mit dem üblichen Antennen-Koaxialkabel.

Dieses Flachband-Durchführungskabel stellt für das empfangene Fernsehsignal zwar einen gewissen „Stolperstein" dar, aber schwächt es nur relativ gering: Die Dämpfung wird (typenbezogen) mit 3 dB bzw. 5 dB angegeben, was bei einer kürzeren Antennen-Zuleitung (unterhalb von etwa 10 m Länge) keine wahrnehmbar negative Beeinträchtigung des Fernsehsignals zur Folge hat.

Stellt eine Mauerdurchführung des Antennenkabels – oder auch mehrerer Antennenkabel – den günstigsten Verbindungsweg dar, wird zu diesem Zweck einfach die Mauer mit einem entsprechend langen Steinbohrer nach Abb. 3.74 durchgebohrt. Da ein langer Steinbohrer am Anfang des Bohrens zu sehr vibrieren würde, sollte der erste Teil (in etwa das erste Drittel) der Bohrung mit einem kürzeren Steinbohrer nach Abb. 3.74a durchgeführt werden. Erst anschließend kommt dann nach Abb. 3.74b der lange Bohrer zum Einsatz (seine Länge muss allerdings auf die Dicke der Mauer abgestimmt werden).

Wie Abb. 3.74 zeigt, sollte eine solche Bohrung jeweils etwas schräg verlaufen, damit das „automatische" Eindringen von Regenwasser verhindert wird. Der in unserer Abbildung angegebene

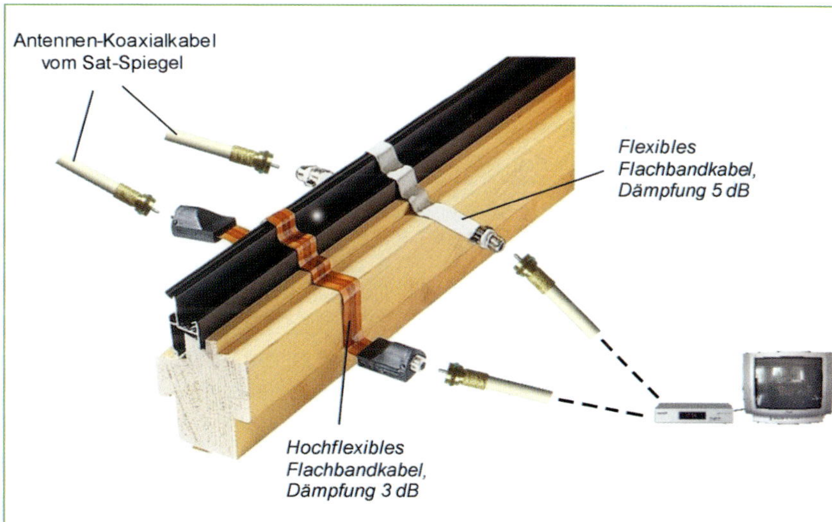

Abb. 3.73: Zwei Ausführungsbeispiele eines handelsüblichen HF-Fenster-Durchführungskabels, das auf den Fensterrahmen nur einfach aufgelegt wird.

3.7 Das richtige Antennen-Koaxialkabel

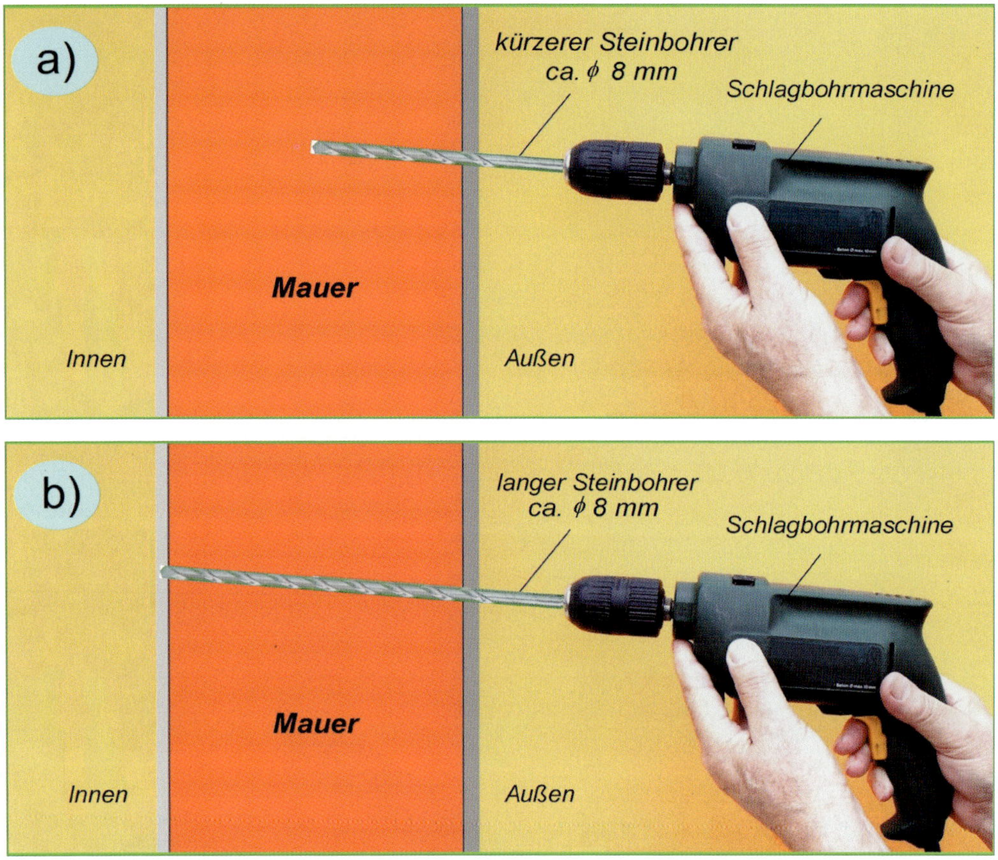

Abb. 3.74: Das Bohren einer Mauerdurchführung für das Antennen-Koaxialkabel sollte in zwei Schritten erfolgen: a) mit einem kurzen Steinbohrer wird erst die Durchführung – so tief wie nur möglich – vorgebohrt; b) mit einem entsprechend langen Steinbohrer wird die Bohrung vollendet.

Durchmesser des Steinbohrers kann eventuell auf ca. ∅ 7 mm verringert werden, wenn ein Antennen-Koaxialkabel verwendet wird, dessen Durchmesser deutlich unterhalb von 7 mm liegt. Ein Antennen-Koaxialkabel, dessen offizieller Durchmesser z. B. 6,8 mm beträgt, lässt sich jedoch erfahrungsgemäß oft nur sehr schwierig durch eine Mauerbohrung von ∅ 7 mm „durchdrücken" – daher ist eine Bohrung mit einem Durchmesser von ∅ 8 mm vorteilhafter. Der Staub und die Körnchenreste, die in der Bohrung als ein ziemlich hartnäckiges Hindernis liegen bleiben, können durch wiederholtes Nachbohren oder eventuelles zusätzliches Säubern des Durchgangs mit einem runden Holzstab entfernt werden.

Nachdem die Installation der Antennen-Zuleitung fertig ist, sollte die Mauerdurchführung um das Kabel herum mit Bausilikon (Fugensilikon) an der Mauer-Außenseite gegen Eindringen von Wasser und Wind abgedichtet werden.

Ist es erwünscht, dass das Antennenkabel an der Wand-Innenseite „unsichtbar" weitergeleitet wird, eignen sich dafür am besten Elektroinstallations-PVC-Stangenrohre nach Abb. 3.75, die unter dem Putz verlegt werden. Der Übergang von außen nach innen kann nach Abb. 3.76 mit Hilfe einer Elektro-Unterputz-Abzweigdose bewerkstelligt werden, die innen angebracht wird. Auf diese Weise ist das Antennenkabel für War-

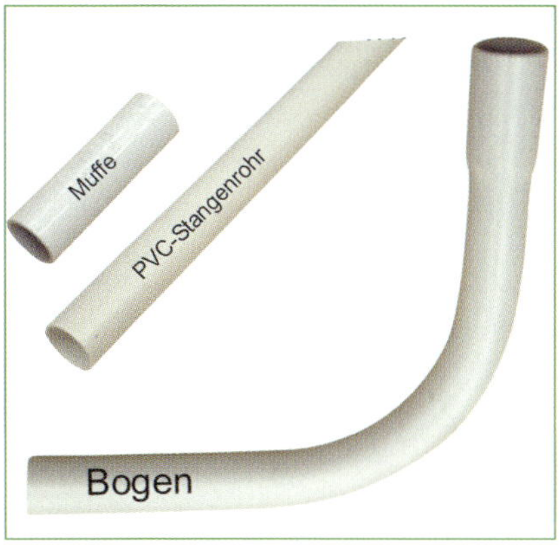

Abb. 3.75: Als Unterputz-Leitungen für ein Sat-Antennenkabel eignen sich am besten Elektroinstallations-PVC-Stangenrohre (Ø 13,5 mm) mit Bögen und mit passenden Verbindungsmuffen.

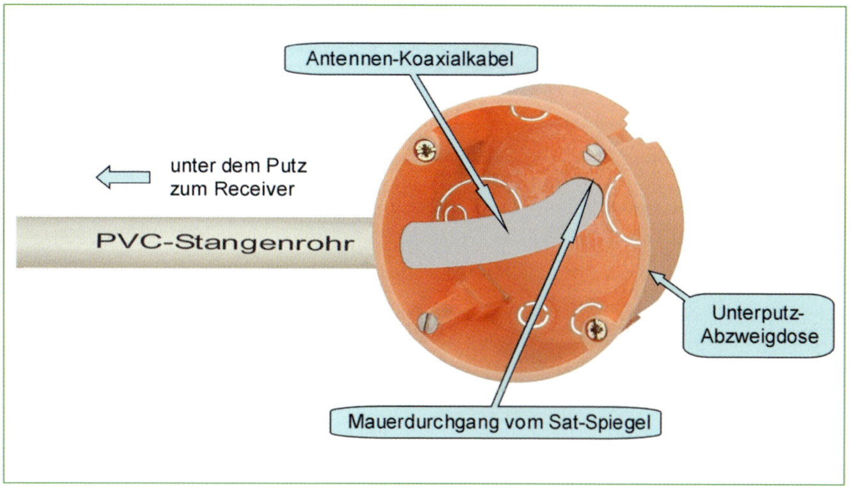

Abb. 3.76 Eine Elektro-Abzweigdose erleichtert den Übergang eines Antennen-Koaxialkabels von außen zu einem Unterputz-Leitungsrohr.

tungsarbeiten (bzw. für ein Auswechseln) leicht zugänglich. Es sollte jedoch in einer solchen Dose nicht zu scharf gebogen und nicht unterbrochen werden – es sei denn, es gibt dafür spezielle Gründe. So kann z. B. in so einer Dose ein „TV-Zweigeräte-Verteiler" untergebracht werden. Alternativ kann anstelle dieser kleinen Verteilerdose eine angemessen größere Unterputz-Dose für einen DiESqC-Schalter angebracht werden usw.

Wer über eine Elektriker-Einziehfeder verfügt, der kann die Unterputz-Leitungen für das Koaxialkabel auch mit flexiblen Installationsrohren (Abb. 3.77) verlegen. Diese Rohre lassen sich bei Bedarf sehr leicht formen, biegen und verlegen, haben jedoch den Nachteil, dass ihr Inneres nicht glatt, sondern rillenförmig ist, wodurch sich das Antennen-Koaxialkabel in längere Rohrleitungen nur mit Hilfe einer Einziehfeder einziehen und nicht einfach nur hineinschieben lässt.

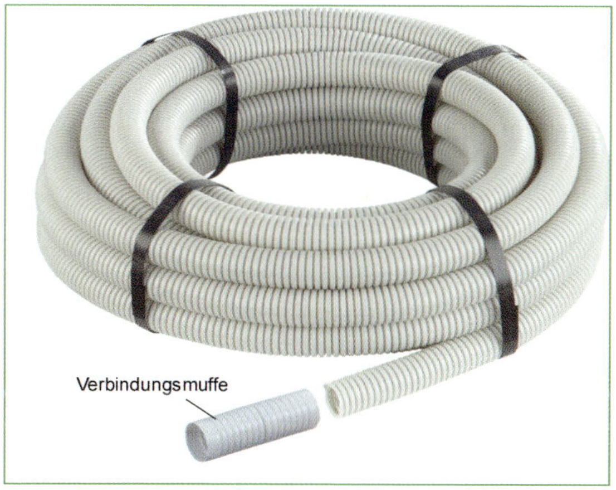

Abb. 3.77: Flexible Installationsrohre lassen sich beliebig biegen, bequem verlegen, aber ihre Innenwände haben Rillen, die das Einziehen eines Antennenkabels ohne eine Einziehfeder sehr erschweren.

3.8 Die Wahl des passenden Receivers

Neben dem LNB, von dessen Ausführung es abhängt, ob er sich nur rein für den Empfang von analogen oder auch für den Empfang von digitalen Fernsehsendungen eignet, ist auch der Receiver dafür bestimmend, ob Sie **nur** die herkömmlichen analogen Fernsehsender, **nur** die herkömmlichen digitalen Fernsehsender oder auch die hochauflösenden HD-Sender („Full-HD-Sender") empfangen können. Mit anderen Worten: Verfügt Ihr Sat-Spiegel bereits über einen Uni-LNB, hängt es nur noch von der Type des Receivers ab, welchen Fernseher oder welchen Heimkino-Projektor (Beamer) Sie an ihn anschließen können.

Die „Qual der Wahl" entfällt, wenn ein Fernseher verwendet wird, in dem bereits ein passender Receiver herstellerseitig integriert ist. Dennoch sollten Sie sich auch bei solchen Geräten genauer ansehen, ob ein solcher integrierter Receiver alles das bietet, was Sie von ihm erwarten, ob er als „Set-Top-Box" tatsächlich HDTV-tauglich („Full-HD") ist, über welche anderen Vorteile er verfügt usw. Dabei sollte beim Kauf eines solchen Fernsehers auch darauf geachtet werden, ob Sie eventuell nicht für diverse „spezielle Eigenschaften" oder „Schnickschnacks" zahlen müssen, die Sie gar nicht benötigen.

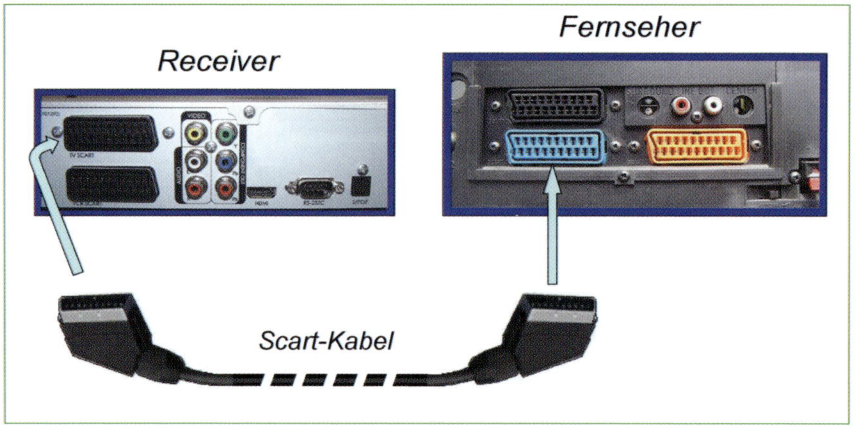

Abb. 3.78: Die Audio-/Video-Verbindung zwischen einem einfachen Digital-Receiver und einem Röhren-Fernseher erfolgt mit Hilfe eines *Scart-Kabels*.

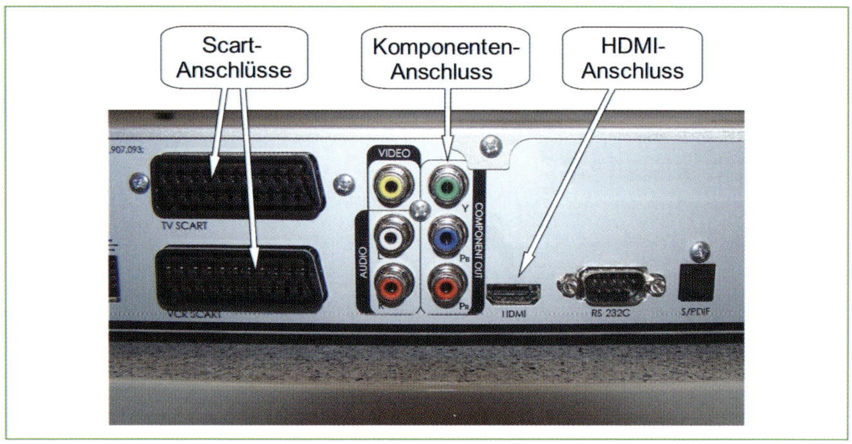

Abb. 3.79: HD-Receiver verfügen an ihrer Rückseite meist über mehrere Anschlüsse: Ein HD-Fernseher wird in der Regel nicht mehr über den „traditionellen" Scart-Anschluss, sondern über den *HDMI* oder *Komponenten-Anschluss* mit dem Receiver verbunden (der besseren Übertragungsqualität wegen).

So kann z. B. ein im Fernseher integrierter „Twin-Receiver" bzw. ein Receiver mit zwei Tunern unter Umständen ganz praktisch für einen Anwender sein, der z. B. seine Fernsehprogramme über Kabel bezieht oder terrestrisch empfängt, da er sich auf diese Weise jederzeit ein „Bild im Bild" ansehen kann. Bei einer Sat-Anlage ist jedoch dieser „Luxus" mit dem Nachteil verbunden, dass wegen der „Bild-in-Bild"-Funktion ein zusätzliches LNB mit einer zusätzlichen Antennen-Zuleitung fällig ist – was nicht unbedingt den Aufwand rechtfertigt. Abgesehen davon hat ein Receiver, der im Fernseher integriert ist, den Nachteil, dass er im Falle eines Defektes (nach Ablauf der Garantie-Frist) nicht einfach kostengünstig durch einen neuen Receiver ersetzt werden kann, sondern teuer repariert werden muss. Dasselbe gilt auch für den Fernseher: Geht er irgendwann kaputt und eine Reparatur lohnt sich nicht mehr, muss man ihn samt dem noch intakten internen Receiver entsorgen.

Gegenwärtig wird in den Fachzeitschriften oft darauf hingewiesen, dass ein „ordentlicher" „HD-Receiver" einen oder zwei CI-Steckplätze (Schächte) für die Entschlüsselung von kostenpflichtigen Sendern (Abb. 3.80) haben sollte. Hier stellt sich natürlich die Frage, was wir dann von der überproportionalen Menge der von uns finanzierten öffentlich rechtlichen Fernsehsendern überhaupt zu erwarten haben. Wird es da denn kein HD-Fernsehen geben? Oder werden die Programme in der Zukunft noch lausiger als sie bereits sind und müssen wir dann noch zusätzlich dafür zahlen, wenn wir uns einen ordentlichen Film und nicht nur uralte Konserven ansehen möchten? Auch das steht noch in den Sternen und dürfte beim Kauf eines teuren Receivers mitberücksichtigt werden.

Die Flut der Informationen, mit denen ein normaler Mensch im Zusammenhang mit dem digitalen Fernsehen aus verschiedensten Quellen konfrontiert wird, wirken sich in den meisten Fällen eher verwirrend als aufklärend aus. Die eigentliche Technik ist trotzdem ziemlich einfach und überschaubar.

Momentan gibt es auf dem Markt drei Receiver-Grundtypen:

a) **Analoge Receiver** (die nicht „digital-tauglich" sind)
b) **Digitale Receiver** (mit relativ niedriger Auflösung von ca. 0,59 Megapixel)
c) **Full-HD-Receiver** (für das hochauflösende HD-TV mit einer Auflösung von ca. 2,07 Megapixeln)

Analoge Receiver gehören langsam aber sicher der Vergangenheit an, denn es wird nicht mehr lange dauern und mit den analog ausgestrahlten Sendungen wird es entweder ganz aus sein, oder die Anzahl der Sender wird sehr schrumpfen – wie es bereits in vielen Nachbarländern geschehen ist. Die Neuanschaffung eines **analogen** Receivers dürfte daher gegenwärtig nur als eine vorübergehende kostengünstige Lösung in Frage kommen, bei der z. B. nach einem Umzug in ein neues Haus vorerst nur das LNB als Universal-LNB in den Sat-Spiegel eingesetzt wird

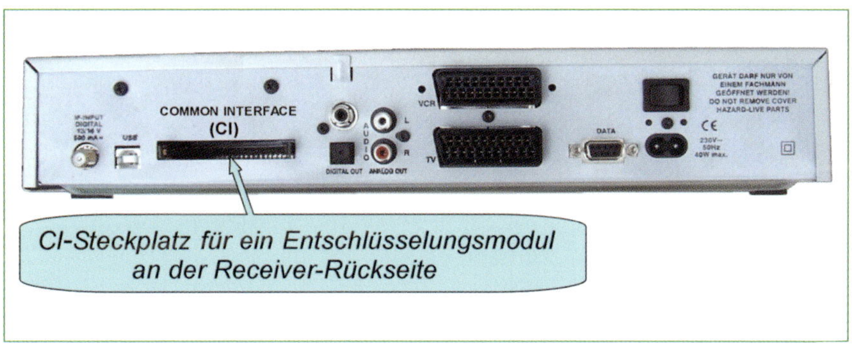

Abb. 3.80: Auch einfachere Digital-Receiver verfügen über einen CI-Steckplatz für ein Entschlüsselungsmodul für den Empfang von verschlüsselten (kostenpflichtigen) Sendern.

3.8 Die Wahl des passenden Receivers

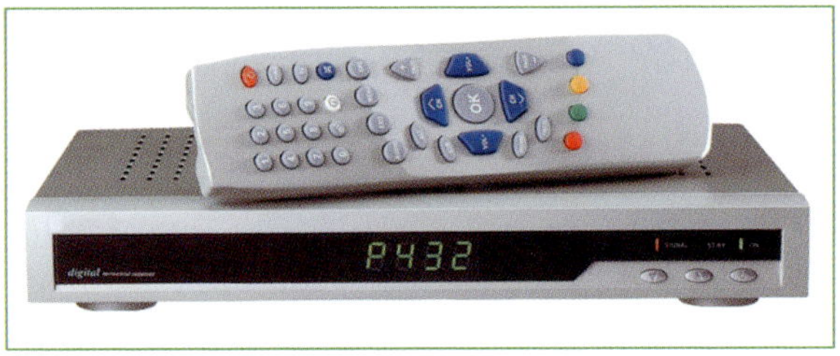

Abb. 3.81: Einfachere digitale Receiver unterscheiden sich von analogen Receivern weder äußerlich noch in Hinsicht auf die Anschlüsse und die Bedienung.

(um später die Sat-Anlage schrittweise leicht auf das digitale Fernsehen umrüsten zu können).

Einfache digitale Receiver sind nur für das herkömmliche digitale Fernsehen mit einer niedrigen Auflösung von ca. 0,59 Megapixeln ausgelegt. Diese Receiver arbeiten die empfangenen digitalen Sendungen so um, dass sie auch über analoge Bildröhren-Fernseher wiedergegeben bzw. mit analogen Rekordern aufgenommen werden können.

Die Kombination eines einfachen digitalen Receivers mit einem herkömmlichen Bildröhren-Fernseher bringt jedoch keinen Vorteil in Hinsicht auf die Bildqualität. Der Receiver muss in dem Fall einige Zeilen der empfangenen digitalen Signale weglassen, wodurch die endgültige Auflösung auf dem Bildschirm wieder auf die ca. 0,44 Megapixel „heruntergerechnet" wird. Im Vergleich zu einem perfekten analogen Satellitenempfang wird bei dieser Lösung die Bildqualität oft eher leicht verschlechtert als verbessert. Es gibt aber auch einige neue Bildröhren-Fernseher (mit u. a. einer 82-cm-Bilddiagonale), die als „HDTV-kompatibel" angepriesen werden. Sie verfügen über eine spezielle digitale Bildbearbeitung und verbessern damit die Auflösung von Stand- und bewegten Bildern. Durch Zufügung von zusätzlichen Bildpunkten entstehen schärfere Bilder, bei denen die Auflösung die Bildqualität verbessert.

In einigen der „einfacheren" Digital-Receiver ist eine Festplatte für Aufnahmen von Fernsehprogrammen integriert. Typenbezogen können z. B. bis zu etwa 100 Fernsehprogramme mit je einer Spielfilm-Länge aufgenommen und bei Bedarf auch zeitverschoben wiedergegeben werden.

Wenn Sie vorerst auf die relativ selten ausgestrahlten „echten" HD-Programme (Full-HD-Programme) oder auf die viel zu teuren verschlüsselten HD-Sendungen des Pay-TV verzichten können, dann dürften Sie sich einen einfachen Digital-Receiver zumindest als eine Zwischenlösung anschaffen. In Kombination mit einem universalen (digital-tauglichen) LNB und einem preiswerteren LCD- oder Plasma-„HD-ready"-Fernseher liefert so ein bescheidener Digital-Receiver ein etwas besseres Bild als ein Bildröhren-Fernseher mit derselben Bildschirm-Diagonale (was vor allem der etwas höheren Auflösung zuzuschreiben ist).

Einen größeren Sprung nach oben verzeichnet die Bildqualität, wenn an so einem „einfachen" Receiver ein wirklich guter HD-ready-Fernseher angeschlossen wird. Die immer noch zu niedrige Auflösung, die bei den meisten der heutigen unverschlüsselten digitalen Sat-Sender nur bei etwa 590.000 Pixeln liegt, erreicht allerdings bei weitem nicht die Bildqualität eines „echten" hochauflösenden („Full-HD-") Fernsehens und dürfte daher auch nur als eine Übergangslösung betrachtet werden. Momentan überlegen viele Anbieter, wie sie das Full-HD-TV als ein Mittel zum weiteren Abzocken der „großen Massen" nutzen könnten.

Wer dennoch die Möglichkeiten des hochauflösenden Fernsehens nutzen will, der muss sich für seinen Full-HD-Fernseher auch einen Full-HD-Receiver (eine Full-HD-Set-

Top-Box) anschaffen. **Full-HD-Receiver**, die oft auch als **„Full-HD-Set-Top-Boxen"** bezeichnet werden, müssen für eine Auflösung von 1920 x 1080 Pixeln (2,07 Megapixel) ausgelegt sein.

Werden die 2-Megapixel-HD-Programme mit einem der einfacheren HD-ready-Fernseher empfangen, der nur über eine Auflösung von bescheidenen 1366 x 768 Pixeln (1366 Pixel mal 768 Zeilen) verfügt, werden die Bilder nur mit einer Auflösung von ca. 1 Megapixel auf seinem Bildschirm wiedergegeben. Der Fernseher lässt folglich bei der Bilddarstellung die „fehlenden" 313 Zeilen einfach weg (rechnet sie elektronisch „herab"). Mit dieser Aufgabe kommen manche Geräte gut, andere nur dürftig zurecht, aber die Bildauflösung wird dadurch trotzdem elektronisch verstümmelt – auch wenn es bei manchen guten Fernsehern nicht auffällt.

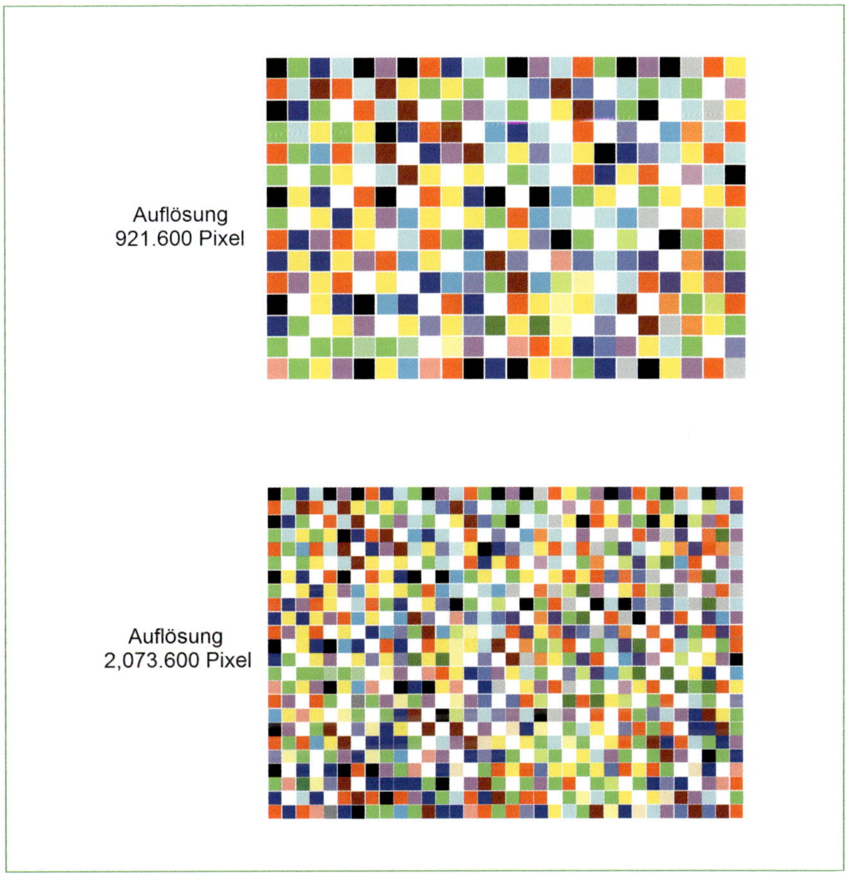

Abb. 3.82: Optisch dargestellter Unterschied zwischen der Bildpunkte-Zahl bei einer Auflösung von 921.600 Pixeln und 2.073.600 Pixeln.

Man könnte als selbstverständlich annehmen, dass ein Fernseher mit einer Auflösung von 1920 x 1080 Pixeln (= ca. 2,07 Millionen Pixel) ein erheblich besseres Bild liefern müsste als ein Fernseher mit einer Auflösung von z. B. 1366 x 768 Pixeln (0,92 Millionen Pixel) – wie auch Abb. 3.82 verdeutlicht. Dies darf jedoch bei dem heutigen Stand der Technik wiederum auch noch nicht als selbstverständlich erwartet werden. Die höhere Auflösung stellt zwar theoretisch eine unumgängliche Vorbedingung für eine perfektere Bilddarstellung dar. Mit der Anzahl der Pixel und der entsprechend höheren Bearbeitungsfrequenz steigen jedoch die Anforderungen an die Elektronik erheblich. Die bewegten Bilder müssen kontrastreich und gestochen scharf dargestellt werden, die Ränder der Umrisse dürfen nicht undeutlich und verschwommen sein usw. Das gelingt nicht bei allen

3.8 Die Wahl des passenden Receivers

Fernsehern – und auch nicht bei allen gesendeten HD-Programmen derartig perfekt, dass bei einem Fernseher mit einer Bildauflösung von ca. zwei Megapixeln das Bild auch wirklich als eindeutig besser wahrgenommen wird als das eines „Ein-Megapixel-Fernsehers".

Eine wichtige Rolle spielt hier auch die meist unbeantwortet bleibende Frage danach, mit welcher Auflösung das eine oder andere HD-Fernsehprogramm im Fernsehstudio bearbeitet und gespeichert wurde. Waren es nun eine Million oder zwei Millionen Bildpunkte (Pixel)? Ähnlich wie bei den Musik-CDs hängt hier die Wiedergabequalität von der Qualität der Aufnahme ab.

Dass die Auflösung in Zukunft noch schrittweise höher wird, dürfte ebenfalls als selbstverständlich angenommen werden. Bei der digitalen Fotografie machte ja bekannterweise die Auflösung innerhalb von wenigen Jahren einen riesigen Sprung von etwa 3 Megapixeln auf über 12 Megapixel. In der digitalen Fotografie wird allerdings die Auflösung nicht in echten Bildpunkten, sondern in einzelnen Farbpixeln (Subpixel) angegeben, wobei drei solche Subpixel pro Bildpunkt anfallen. 12 Megapixel ergeben somit bei einer Digitalkamera zwar „nur" 4 Millionen „echte" Bildpunkte („echte" Megapixel), aber es ist immerhin ein Unterschied im Vergleich mit dem, was gegenwärtig beim Fernsehen als „das Gelbe vom Ei" angepriesen wird.

Viele der HD-Fernsehprogramme werden in der Zukunft voraussichtlich nur verschlüsselt von abonnierten Teilnehmern empfangen werden können, die ein passendes Entschlüsselungsmodul und den dafür benötigten CI-Steckplatz im Receiver haben. Einige der Receiver verfügen über zwei oder mehrere „Schächte" (Steckplätze) für mehrere Entschlüsselungsmodule diverser Anbieter. Technisch elegant werden diese Schächte als „Common-Interface-Schächte zum Einsetzen von Conditional-Access-Modulen" bezeichnet. Wir erwähnen diese „edle" Bezeichnung nur für diejenigen, die darauf in einer Bedienungsanleitung stoßen und verwirrt überlegen, worum es sich da handeln könnte.

Die Frage, wie es sich definitiv mit der Möglichkeit von Festplatten- oder Rekorder-Aufzeichnungen bei verschlüsselten HD-Filmen entwickeln wird, steht ebenfalls noch offen. So ist z. B. nicht ganz geklärt, ob ein Pay-TV-Abonnent in der Zukunft überhaupt das Recht und die Möglichkeit haben wird, die empfangenen Programme – trotz einer CI-Karte – auch automatisch auf einem Datenträger speichern zu können. Bei den Anbietern geistern noch Überlegungen herum, die z. B. darauf beruhen, dass „in der digitalen Welt" die Grundverschlüsselung als eine unverzichtbare Maßnahme „zum Schutz des Signals vor unberechtigten Zugriffen" zu betrachten wäre.

Abgesehen davon ist noch nicht sicher, ob das gegenwärtige Full-HD-DVD-Speichersystem nicht innerhalb einer relativ kurzen Zeit durch das amerikanische Blu-ray-System ersetzt wird. Zudem steht auch die ganze digitale HD-Fern-

Abb. 3.83: Für Videoprojektionen auf größere Bildschirmflächen ist eine hohe Bildauflösung quasi ein „Muss", denn durch die Vergrößerung einzelner Pixel, aus denen sich das Bild zusammensetzt, verzeichnet die Bildqualität andernfalls unzumutbare Einbußen.

sehtechnik momentan tatsächlich erst in den Startlöchern und in Hinsicht auf die zukünftigen Weiterentwicklungen stehen wir also noch am Anfang eines langen Weges.

Die Geräte, die Übertragungswege, die Art der Datenträger sowie auch die „Spielregeln" werden sich natürlich auch beim Fernsehen ständig weiterentwickeln. Die technische Entwicklung wird dabei einen ähnlichen Weg beschreiten, den wir bereits von den PCs, von der digitalen Fotografie und von den Handys kennen. Die Preise der „Hardware" werden voraussichtlich gleitend sinken und die Kosten der eigentlichen Dienstleitungen, die dahinter stecken, werden wiederum voraussichtlich einen ähnlichen Aufwärtstrend verzeichnen, wie wir es z. B. von dem sogenannten öffentlich-rechtlichen Fernsehen oder vom bundesdeutschen Schienenverkehr kennen.

In Hinsicht auf diese „vorprogrammierten" Weiterentwicklungen dürfte man daher auch beim Kauf eines Receivers davon ausgehen, dass es sich bei diesem Gerät nur um eine relativ kurzlebige Anschaffung handelt, die möglicherweise schon nach wenigen Jahren nicht mehr up to date sein wird. Grundsätzlich dürften bei der Wahl des passenden Receivers folgende Überlegungen in Betracht gezogen werden:

a) Bei einem Beobachtungsabstand von 3 bis 4 Metern ist bei einem intakten herkömmlichen Bildröhren-Fernseher mit einer Diagonale von bis zu etwa 68 cm die Bildqualität sogar auch bei einem analogen Empfang ziemlich gut (vor allem beim guten Sat-Empfang). Ein Umstieg auf das digitale Fernsehen braucht daher nicht unbedingt übereilt vorgenommen zu werden, wenn nicht ein Bedarf nach dem Empfang von Sendern besteht, die nur digital senden.

b) Steigen Sie auf digitalen Empfang des herkömmlichen digitalen Fernsehens um und begnügen Sie sich dabei mit einem einfachen Digital-Receiver (mit niedrigerer Auflösung), wird bei demselben Beobachtungsabstand und bei demselben Bildröhren-Fernseher die Bildqualität kaum wahrnehmbar besser, möglicherweise sogar etwas schlechter (das hängt von der Apparatur ab).

c) Schließen Sie anstelle eines Bildröhren-Fernsehers an denselben „einfachen" Digital-Receiver einen guten LCD- oder Plasma-Fernseher an, der als „HD ready" ausgelegt ist, wird die Bildqualität bis zu einer Bildschirm-Diagonale von ca. 94 cm etwas besser werden als bei dem rein analogen Empfang. Der Vorteil der besseren Bildqualität macht sich vor allem dann bemerkbar, wenn Sie bei demselben Beobachtungsabstand einen LCD- oder Plasma-Fernseher mit einem größeren Bildschirm anschließen.

Hinweis

Achten Sie beim Kauf eines Receivers auch auf seinen Stand-by-Verbrauch. In Hinsicht auf die individuelle Vorprogrammierung (die beim Abschalten teilweise verloren geht) ist es mit eventuellem nächtlichen Abschalten bei diesem Gerät nicht immer so einfach wie bei diversen anderen Geräten der Unterhaltungselektronik. Der Stand-by-Verbrauch ist zwar bei den meisten Receivern relativ niedrig, aber die Summe der Geräte und Vorrichtungen, die auf diese Weise in Ihrem Haushalt laufend elektrische Energie verbrauchen, ist oft größer, als man schätzungsweise annehmen würde (siehe hierzu auch das Thema *„Einfache Ermittlung des Stand-by-Verbrauchs"* auf Seite 113.

3.8 Die Wahl des passenden Receivers

d) Möchten Sie entweder einen Fernseher mit einer Bilddiagonale von mehr als einem Meter betreiben oder beabsichtigen Sie den Fernseher durch einen Videoprojektor (Beamer) zu ersetzen und eine Leinwand zu verwenden, deren Diagonale einen Meter überschreitet, dann wird das Bild bei der Wiedergabe eines „herkömmlichen" digitalen Fernsehprogramms (mit einer niedrigen Auflösung unterhalb von ca. 1 Million Pixeln) zu grobkörnig. In diesem Fall kann nur das hochauflösende („Full-HD"-) Fernsehen eine zufriedenstellende Bildqualität bieten und Sie würden daher einen Full-HD-Receiver (eine Full-HD-Set-Top-Box) anwenden müssen.

3.8.1 Eigenschaften, Anschlüsse und Verbindungen

Bei der Beschreibung der Receiver, die in Katalogen oder Prospekten oft nur in Kurzform auffindbar ist, stoßen Sie möglicherweise auf Fachbegriffe und Abkürzungen, die Ihnen genauso wenig sagen wie ein Hinweis in chinesischer Schrift (vorausgesetzt, Sie kommen auch mit den chinesischen Schriftzeichen nicht zurecht). In unserer Rubrik „Fachbegriffe und Abkürzungen" (ab Seite 116) finden Sie leicht verständliche Aufklärungen.

Gesteigerte Aufmerksamkeit verdient beim HD-Fernsehen das Verbindungskabel vom Receiver zum Fernseher (oder wahlweise vom Receiver zum HD-Rekorder bzw. zum Videoprojektor): Kaum hat sich bei den Verbindungen zwischen Receiver, Rekorder und Fernseher das Scart-Kabel (Abb. 3.84) etabliert, stellt sich heraus, dass es dem HD-Fernsehen nicht gewachsen ist. Über den HDMI- oder Komponenten-Anschluss (siehe auch Abb. 3.79) ist die Bildqualität bei der HD-Übertragung wesentlich besser als bei einer Verbindung über das „gute alte" Scart-Kabel. Genauere Hinweise zu den Receiver-Anschlüssen finden Sie jeweils in den Bedienungsanleitungen der Geräte. Unter Umständen kann der Anschluss von zwei unterschiedlichen Steckverbindungen (Receiver → Fernseher) mit Hilfe eines Scart-Adapters erfolgen (Abb. 3.84b).

Wie jedoch bereits erwähnt wurde: Die Entwicklung schreitet in großen Sprüngen voran. Informieren

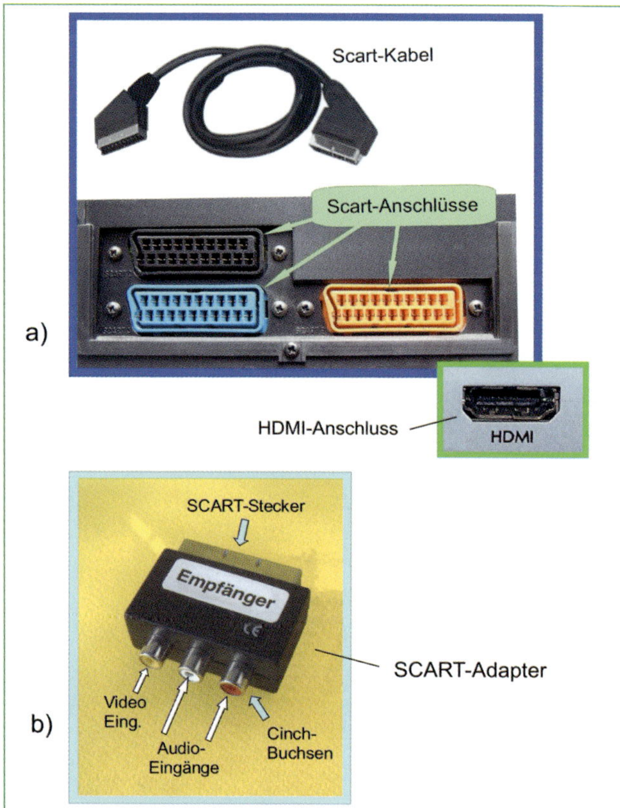

Abb. 3.84: a) Das herkömmliche Scart-Kabel wird bei HD-Geräten nur noch dann verwendet, wenn z. B. an einen HD-Receiver ein Bildröhren-Fernseher angeschlossen werden soll, der nur über Scart-Buchsen verfügt (keinen HDMI-Anschluss hat); b) Mit Hilfe eines Scart-Adapters kann z. B. ein Komponenten-Anschluss des Receivers mit einem Scart-Anschluss eines Bildröhren-Fernsehers verbunden werden.

Sie sich daher beim Kauf eines HD-Receivers auch bei dem Fachhändler darüber, welche Verbindungskabel er vom Receiver zum Fernseher empfiehlt und kaufen Sie diese gleich mit dem Gerät mit (sie sind meist nicht als Zubehör bei dem Receiver vorhanden).

Von den technischen Eigenschaften, durch die sich die Receiver voneinander unterscheiden, kann ein Kunde beim Kauf des Gerätes nur wenige ermitteln oder testen. Wer gerne zappt bzw. wer während der Werbung jeweils auf andere Sender wegschaltet, der sollte z. B. ausprobieren, wie lange der Receiver braucht, um von einem (unverschlüsselten) Sender auf einen anderen (unverschlüsselten) Sender umzuschalten. Dieser Vorgang sollte bevorzugt nicht länger, als ca. eine ¾ Sekunde dauern (gemessen von der Betätigung der Programmtaste der Fernbedienung bis zum Erscheinen des Senders auf dem Bildschirm). Manche Receiver benötigen dafür aber fast doppelt so viel Zeit, was auf eine lausige Entwicklungsphilosophie hinweist.

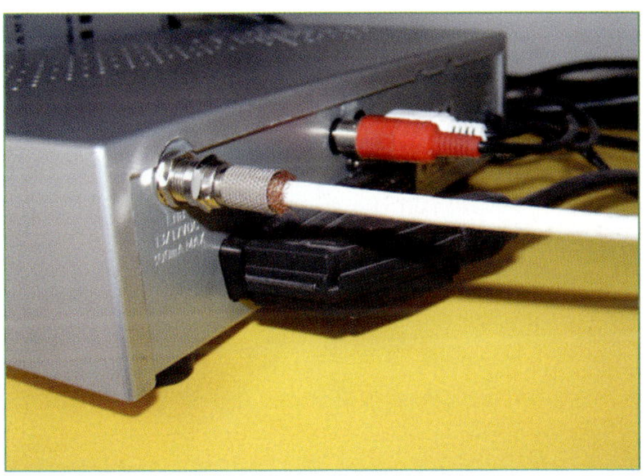

Abb. 3.85: Stellt sich die Apparatur tot, liegt es oft nur daran, dass eine der Steckverbindungen entweder nicht in der richtigen Buchse oder einfach nur nicht richtig sitzt.

3.8.2 Inbetriebnahme eines neuen Receivers

Die meisten Receiver sind vorprogrammiert, die Sender sind da bereits gespeichert und man braucht nur noch die Antenne, den Fernseher und die Netzspannung anzuschließen und „die Bilder laufen" – vorausgesetzt, alles ist richtig angeschlossen und die Sat-Antenne funktioniert.

Wie der Receiver an die Antenne und an die Netzspannung angeschlossen werden soll, steht in der Regel sehr deutlich in seiner Bedienungsanleitung und bei etwas Glück gibt es bei der Inbetriebnahme keine Probleme. Erscheint kein Sender auf dem Bildschirm

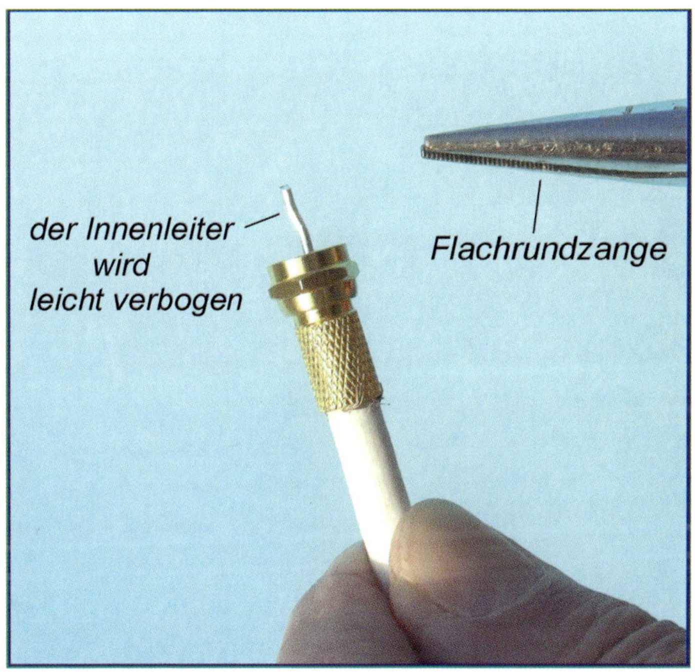

Abb. 3.86: Weist der F-Stecker einen Wackelkontakt auf, bietet ein leichtes Zubiegen des Innenleiters eine schnelle Abhilfe. Der besseren Erklärung wegen hat in diesem Beispiel der Innenleiter eine zu große Länge. Diese sollte in Wirklichkeit nur maximal ca. 4 mm aus dem Stecker herausragen.

3.8 Die Wahl des passenden Receivers

des Fernsehers, dann sollten alle Anschlüsse an der Rückseite des Receivers (Abb. 3.85) nochmals überprüft bzw. etwas kräftiger in die Buchsen hineingedrückt werden.

Wenn bei der Anlagen-Umrüstung ein älteres Fernsehkabel weiterhin verwendet wird (wogegen nichts einzuwenden ist), kommt es manchmal vor, dass sein Innenleiter, der als der signalleitende Teil der Verbindung fungiert, keinen Kontakt – oder keinen zuverlässigen Kontakt – mit der Antennenbuchse des Receivers hat. Ein leichtes Zubiegen dieses Innenleiters (nach Abb. 3.86) behebt das Problem.

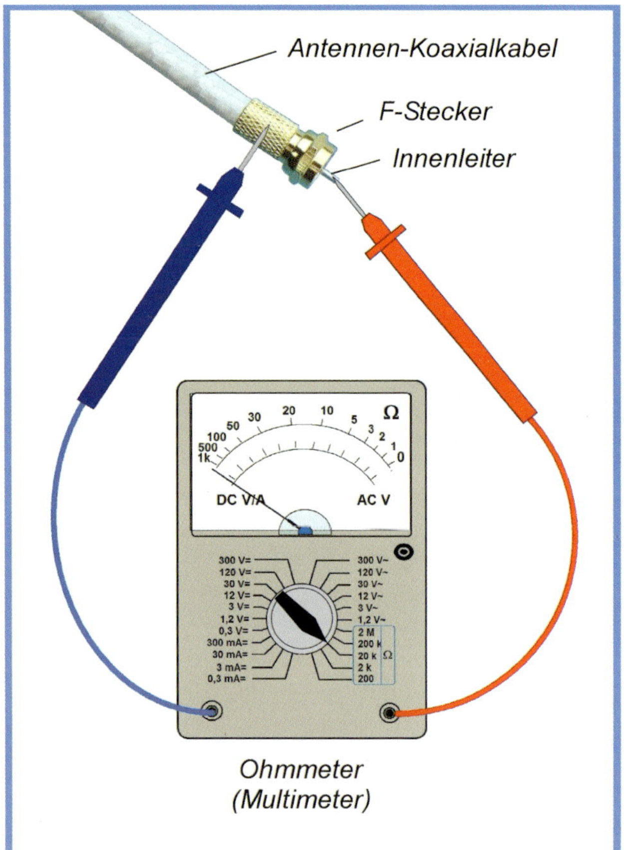

Abb. 3.87: Ob das Antennenkabel keinen Kurzschluss hat, kann mit Hilfe eines einfachen Multimeters schnell geprüft werden.

Manchmal kommt es vor, dass im Antennen-Koaxialkabel ein Kurzschluss ist. Dieser kann entweder dadurch verursacht werden, dass in eine Unterputz-Antennenzuleitung irgendwo ein Nagel eingeschlagen wurde oder dass in dem Stecker eines der dünnen Drähtchen der Abschirmung einen Kurzschluss mit dem Innenleiter verursacht. Ein solcher Kurzschluss kann am schnellsten mit Hilfe eines Multimeters nach Abb. 3.87 ermittelt werden. Vor der Messung müssen die Stecker des Antennenkabels an beiden Seiten von den Anschlüssen am LNB und am Receiver gelöst werden. Das Multimeter, bei dem es sich bevorzugt um ein „flinkes" Zeiger-Gerät handeln sollte, wird auf den Messbereich „Widerstand" (oder „Ohm") geschaltet und wenn der Zeiger bei der Messung nach rechts springt und „Null Ohm" anzeigt, weist dies auf einen Kurzschluss hin. Für eine solche Messung genügt ein sehr preiswertes Multimeter, das oft unterhalb von 10 € als „Schnäppchen" erhältlich ist.

Will es bei der Inbetriebnahme einer neuen Sat-Anlage nicht gelingen, dass ein Bild auf dem Fernseher erscheint, hilft am schnellsten eine Kontrolle durch Anschließen eines intakten Receivers und Fernsehers, die bereits erprobt „woanders" (eventuell beim Nachbarn) gut funktionierten. Es darf sich dabei auch nur um analoge Geräte handeln, die zumindest zeigen, ob der Fehler nicht in der Sat-Antenne liegt.

Ansonsten kann man mit Hilfe der Bedienungsanleitung die meisten der neu gekauften Receiver ziemlich leicht dazu bringen, dass sie zumindest größtenteils das tun, was man von ihnen erwartet. Oft aber eben nur „größtenteils". Der Rest bleibt – je nach der Geduld des Anwenders – entweder vorerst in der

Warteschleife oder man quält sich durch die Bedienungsanleitung einfach so lange durch, bis alles einigermaßen klappt. Erfahrungsgemäß kommt man manchmal erst nach einigen Jahren rein zufällig dahinter, was so ein Gerät eigentlich alles kann (obwohl man vieles davon gar nicht braucht).

Etwas komplizierter kann es werden, wenn die Reihenfolge der einprogrammierten Fernsehsender dem persönlichen Bedarf nicht entspricht bzw. wenn man in zwei oder mehreren Receivern dieselbe Reihenfolge der Fernsehsender haben möchte. Das individuelle Umprogrammieren ist zwar bei allen Receivern möglich, aber nicht immer bedienungsfreundlich machbar bzw. in der Bedienungsanleitung nur dürftig erklärt. Oft bleibt einem nur das Vertrauen in das Motto „Suchet, so werdet ihr finden". Irgendwann gelingt es tatsächlich und man hat somit wieder ein weiteres Erfolgserlebnis auf dem holprigen Weg durch das Leben.

Einfache Ermittlung des Stand-by-Verbrauchs

Für die Ermittlung eines Stand-by-Verbrauchs sind zwar diverse preiswerte Fertiggeräte erhältlich, aber viele geben beim Anzeigen des Stand-by-Verbrauchs auf, sobald dieser nur wirklich gering ist. Dabei ist es gerade bei einem sehr niedrigen Stand-by-Verbrauch gut zu wissen, was das Gerät tatsächlich an Strom verbraucht und ob es sich überhaupt lohnt, dass man es ab und zu ganz abschaltet. Wer bereits ein Multimeter besitzt, der kann den Stand-by-Verbrauch seines neuen Receivers, seines Rekorders oder Fernsehers nach Abb. 3.88 leicht ermitteln. Die dafür benötigte Messvorrichtung kann vor allem ein technisch erfahrener Tüftler leicht zusammenschrauben. Der ganze Vorgang erfolgt dann in folgenden Schritten:

a) Der oben eingezeichnete Schalter wird **ein**geschaltet, und der Receiver (oder auch ein anderes getestetes Gerät) wird – wie abgebildet – angeschlossen.
b) Die Netzspannung wird angeschlossen.
c) Der Receiver wird auf Stand-by geschaltet.
d) Der oben eingezeichnete Schalter wird anschließend **aus**geschaltet. Ab nun fließt die Stromversorgung für den Stand-by-Betrieb des Receivers nur über den 100-Ohm-„Messwiderstand" (Metallschicht- oder Kohleschicht-Widerstand 100 Ohm/0,25 Watt).
e) Am Messwiderstand kann mit einem Voltmeter (Messbereich von ca. 10 Volt~) die „abgefangene Spannung" ermittelt werden.
f) Mit Hilfe des Ohmschen Gesetzes können Sie nun den Stand-

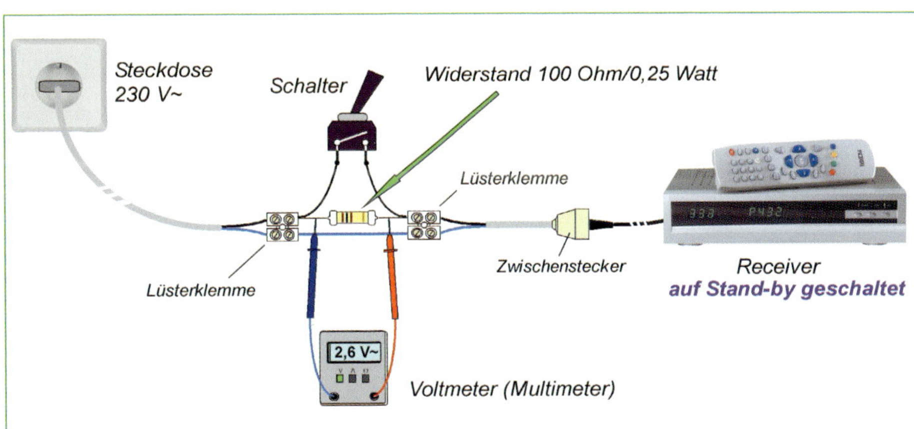

Abb. 3.88: Ermittlung des Stand-by Verbrauchs

3.8 Die Wahl des passenden Receivers

by-Strom ausrechnen. Die Formel lautet: Spannung (in Volt) geteilt durch Widerstand (in Ohm) = Strom (in Ampere). Wenn Sie an den 100-Ohm-Messwiderstand eine Wechselspannung von z. B. 2,6 Volt ermitteln (wie eingezeichnet), ergibt sich daraus:

2,6 (Volt) : 100 (Ohm) = 0,026 Ampere

Uns interessiert allerdings der Stand-by-Verbrauch in Watt. Den rechnen wir aus, indem wir die 230-Volt-Netzspannung mit der vorher ausgerechneten Stromabnahme multiplizieren:

230 (Volt) mal 0,026 Ampere = 5,98 Watt

Der Stand-by-Verbrauch beträgt somit pro Stunde 5,98 Wattstunden. Pro 24 Stunden sind es 143,52 Wattstunden und pro Jahr (365 Tage) sind es 52.384,8 Wattstunden – also etwa 52,4 Kilowattstunden (kWh). Die Genauigkeit einer solchen Messung wird zwar durch die Art der Messung – darunter durch ca. 5 % Messfehler und durch weitere ca. 5 % Toleranzabweichungen bei einem einfachen Kohleschichtwiderstand – möglicherweise um etwa 5 bis 10 % von dem exakten Stand-by-Verbrauch abweichen, aber das dürfte in Kauf genommen werden (die meisten der handelsüblichen Messgeräte zeigen den Verbrauch ohnehin auch nicht allzu genau an).

Sie werden bei solchen Messungen natürlich andere Messwerte ermitteln, als in diesem Beispiel angegeben. Setzen Sie dann einfach in die obere Formel (anstelle der 2,6 Volt) die von Ihnen ermittelte Spannung ein und halten Sie sich weiterhin an den von uns aufgeführten Vorgang.

> **Hinweis**
>
> Der in *Abb. 3.88* eingezeichnete Schalter darf nicht ausgeschaltet werden, wenn der angeschlossene Receiver auf Vollbetrieb (nicht auf Stand-by) geschaltet wird, da andernfalls der 100-Ohm-Messwiderstand wie eine Sicherung durchbrennen würde.

Drahtlose Verbindung der Receivers mit dem Fernseher

Für Flachbild-Fernseher, die z. B. wie Bilder auf der Wand installiert werden, sind drahtlose Audio-Video-Funksysteme erhältlich, die anstelle eines Kabels die Verbindung zwischen dem Receiver und dem Fernseher ermöglichen. Befindet sich in solchem Fall der Netzanschluss in der Wand direkt hinter dem Fernseher und wird von ihm verdeckt, hängt dieser bei der Anwendung einer Funkverbindung mit dem Receiver ohne ein sichtbares Verbindungskabel tatsächlich wie ein Bild auf der Wand – vorausgesetzt, es werden an den Fernseher keine Kabel für externe Lautsprecher oder andere Verbindungskabel angebracht.

Eine solche drahtlose Funkverbindung hat jedoch leider oft merkbare Einbußen in der Bildqualität zur Folge. Zudem lässt sich der Funkempfänger nicht immer „unsichtbar" hinter dem Fernseher verstecken bzw. angemessen elegant an einen Fernseher anschließen, dessen Anschlüsse an der Seite integriert sind, denn der Stecker und ein Stück seines Anschlusskabels bleiben immer sichtbar. Wird umständehalber Wert darauf gelegt, dass die Anschlüsse zwischen dem Fernseher, Receiver und evtl. externen Lautsprechern wirklich dezent unsichtbar bleiben, sollten bevorzugt einfach in die Wand Unterputz-Installationsrohre verlegt werden. Meist wird bei solchen Projekten ohnehin ein Netzanschluss für den Fernseher an einer Stelle fällig, an die er zu diesem Zweck erst unter dem Putz installiert werden muss und bei dieser Gelegenheit können gleich auch weitere Installationen vorgenommen werden.

4 Fachbegriffe und Abkürzungen

4 Fachbegriffe und Abkürzungen

Artefakte

Artefakte sind Darstellungsfehler in der digitalen Bildwiedergabe, die sich als zusätzliche, fehlgebildete Pixelreihen in der Form von Klötzchen manifestieren.

Azimut

Unter dem Begriff „Azimut" versteht man den Winkel in Grad, in dem in unserem Fall der Sat-Spiegel in waagrechter Richtung von dem (vom Kompass angezeigten) Südpol ausgerichtet werden muss, um genau auf den gewünschten Satelliten zu zielen.

Auflösung

Die Auflösung bezieht sich bei dieser Technik auf die flächenbezogene Anzahl der Bildpunkte (Pixel), die entweder als horizontale und vertikale Pixel (in der Form von z. B. 1920 x 1080 Pixeln) oder als Gesamtauflösung (2,07 Megapixel) angegeben wird (siehe Abb. unten). Manchmal wird die Auflösung auch als „Pixel (senkrecht) mal Anzahl Zeilen (waagrecht)" in der Form von z. B. **„768 Pixel auf 576 Zeilen"** aufgeführt. Das ergibt 442.368 Pixel.

Zu beachten

Bei Digitalkameras wird die Auflösung nicht in echten Bildpunkten, sondern in einzelnen Farbpixeln (Subpixel) angegeben, wobei drei solche Subpixel pro Bildpunkt anfallen. Sechs Megapixel bei einer Digitalkamera ergeben somit nur zwei Millionen „echte" Bildpunkte (zwei „echte" Megapixel).

„AV" (Audio-visuell)

Audio-visuell bedeutet „Ton und Bild". Wenn bei einem Gerät der „Stecker" als „AV-Ausgang" bezeichnet wird, bedeutet es, dass da *Ton und Bild* sozusagen herausfließen und über ein passendes Kabel einem anderen Gerät an seinen „AV-Eingang" zugeführt werden können.

BER – Bit error rate (Bit-Fehlerrate)

Die „BER" ist ein Maßstab für die Qualität einer optimalen Bildübertragung oder Bildverarbeitung. Je niedriger die Fehlerrate, desto besser ist das Ergebnis.

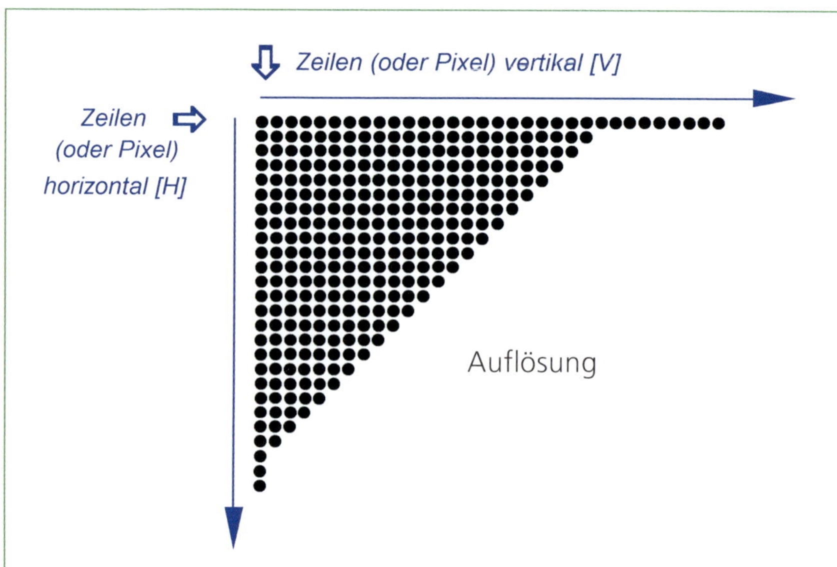

Bild-in-Bild-Funktion

Einige Fernsehgeräte verfügen über diese Funktion, die den gleichzeitigen Empfang von zwei unterschiedlichen Sendungen ermöglicht. Um diese Funktion bei einer Sat-Anlage nutzen zu können, braucht ein solcher Fernseher einen Twin-LNB (im Sat-Spiegel) und einen Twin-Receiver – bzw. zwei LNBs und zwei Receiver.

Bildrauschen

Als Bildrauschen werden Störungen der Bildqualität bezeichnet, die durch schlechte Bildverarbeitung, Bildübertragung oder Bildwiedergabe entstehen. Diese Störung wirkt sich so aus, dass einige der Bildpunkte (Pixel) nicht in der ursprünglichen Farbe wiedergegeben werden oder dass sie neben den Konturen der Gegenstände, auf einem hellen Hintergrund als „fehlplatzierte" graue Pixel oder auf dunklen Flächen als „fehlplatzierte" bunte Pixel erscheinen.

Bildschirmmenü (OSD)

In fast allen Receivern, Rekordern und Fernsehern ist herstellerseitig ein Bildschirmmenü (engl. OSD/On screen display) einprogrammiert, das vom Anwender (mit der Fernbedienung) als Bedienungshilfe für die Einstellung und Kontrolle der Gerätefunktionen abgerufen werden kann.

Bildröhre

Ursprünglich waren alle Bildschirme bei Oszilloskopen, Fernsehern und Computern nur als gläserne Bildröhren ausgelegt. Für PC-Anwendungen wurden Bildröhren durch die flimmerfreien und hochauflösenden LCD-Bildschirme verdrängt. Bildröhren-Fernseher werden trotzdem noch eine Zeit lang ihr Dasein fristen. Ihren größten „relativen" Nachteil stellt die zu niedrige (herkömmliche) Bildauflösung von 720 Pixeln auf 576 Zeilen (= 414.720 Pixel) dar.

CA (Conditional access)

Ein elektronisches System, das in der Form eines kleinen zusätzlichen Gerätes oder einer Steckkarte für die Entschlüsselung von „Pay"-Fernsehprogrammen zuständig ist.

Cerebro-Karte

Die Cerebro-Karte ist eine spezielle Abo-Karte (Entschlüsselungs-Modul) für die Entschlüsselung von verschlüsselten Fernsehsendern. Sie wird in einen sogenannten CI-Schacht, der sich entweder im Fernseher oder im Receiver befindet, eingesteckt, um die verschlüsselten Programme zu entschlüsseln.

CI (Common interface)

Das „CI" ist eine sogenannte Schnittstelle (meist in Form einer Steckerleiste), die in einigen digitalen Satellitenreceivern als „Unterkunft" von zusätzlichen CI-Steckkarten *(Entschlüsselungs-Modulen)* für die Entschlüsselung von „Pay-TV-Programmen" ausgelegt ist.

Cinch-Stecker und Buchsen

Cinch-Stecker und Buchsen sind kleine bunte Steckverbindungen für Kabel, die u. a. zum Übertragen von Bild- und Tonsignalen verwendet werden.

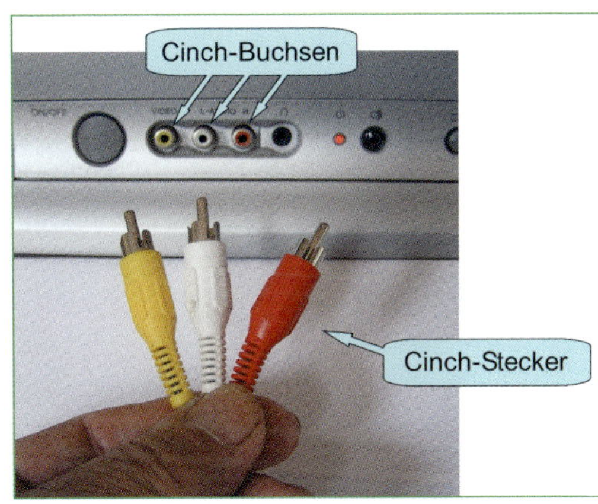

CI-Receiver

Als „CI-Receiver" werden Receiver bezeichnet, die über Steckerleisten und Schächte für zusätzliche CI-Steckkarten verfügen. Typenbezogen verfügen CI-Receiver meist über eine oder zwei „Unterkünfte" für CI-Steckkarten.

Conditional Acces (CA) – System

Dieses System blockiert den Zugriff des Nutzers auf Programme oder Leistungen, die aus kommerziellen oder urheberrechtlichen Gründen für „Unbefugte" verschlüsselt sind.

Cryptoworks

Cryptoworks ist ein spezielles Verschlüsselungsverfahren, das sich einige Bezahl-TV-Anbieter – z. B. „Arena" und „Easy-TV" – zunutze machen. Ähnlich wie bei anderen „Pay-TV-Sendern" können solche Programme nur abonnierte Teilnehmer empfangen (siehe auch „Pay-TV").

Datenrate

Die Datenrate bezieht sich auf die Zahl der übertragenen oder verarbeiteten Datenbits pro Sekunde. Sie muss vor allem bei bewegten hochauflösenden Bildern (Filmen) sehr hoch liegen, um eine Bewegung perfekt zu bewältigen. Eine zu niedrige Datenrate hat z. B. bei digitalen Fotokameras und Camcordern zur Folge, dass die Auflösung bei bewegten Bildern (beim Filmen) viel niedriger ist als bei Fotoaufnahmen.

dB (Dezibel)

Dezibel ist eine Maßeinheit der Lautstärke, die bei Tönen, Lauten und Geräuschen angewendet wird. Bei den Komponenten einer Sat-Anlage wird diese Maßeinheit z. B. dazu verwendet, dass sie das *Rauschmaß* bei LNBs oder Multischaltern als Qualitätsmerkmal hervorhebt: Ein LNB mit einem Rauschmaß von 0,2 dB ist einem LNB mit einem Rauschmaß von *nur* 0,7 dB qualitativ überlegen. Je niedriger das Rauschmaß ist, desto besser ist (theoretisch) die vom LNB gelieferte Bildqualität.

Datenreduktion

Bei einer Datenreduktion werden einige der „nicht notwendigen" Teile der Audio- oder Videoinformationen weggelassen bzw. komprimiert. So können z. B. beim Filmen von beweglichen Objekten alle unbeweglichen Objekte (im Hintergrund) so lange weggelassen werden, wie z. B. die Kamera unbeweglich auf einem Stativ steht.

Digital-Receiver

Für den Empfang von *digitalem* Fernsehen ist ein Digital-Receiver erforderlich, der zusammen mit einem digitalen oder „universalen" Sat-Empfangskopf als eine „elektronische Antenne" an den Fernseher angeschlossen wird (siehe hierzu Kapitel „Die Wahl des passenden Receivers").

DiSEqC (Digital Satellite Equipment Control)

Als DiSEqC werden spezielle elektronische Schalt- und Verteilergeräte bezeichnet, die zwischen den LNB und die Receiver angeschlossen werden, wenn sich mehrere Anwender (oder Receiver) eine gemeinsame Sat-Antenne teilen sollen oder wenn ein Teilnehmer über seinen Receiver mehrere Satelliten (über mehrere LNBs) empfangen will. Geräte dieser Kategorie werden als *DiSEqC-Schalter* oder auch nur schlicht als *Multischalter* bezeichnet (siehe hierzu auch Kapitel *Sat-Anlagen mit „Multischalter"*).

Dolby Digital

Das Dolby-Digital-Format für „Heimkinos" und DVDs teilt die Klangaufnahmen und Klangwiedergaben in sechs Kanäle ein (zum Vergleich: Ein Stereosystem gibt sich mit nur zwei Kanälen zufrieden). Wie eindrucksvoll (und verkaufsfördernd) dieser technische Gag auch sein mag, es handelt sich um eine Klangwiedergabe, die bei kleinen Bildschirmformaten kaum einen tieferen Sinn ergibt. Um von diesem System wirklich profitieren (oder es sogar genießen) zu können, müsste – akustisch bedingt –

der Bildschirm annähernd so breit sein wie der Beobachtungsabstand (das Prinzip des Dreiecks). Zudem sollten die Lautsprecher nicht *neben* dem Bildschirm (bzw. neben der Leinwand), sondern z. B. *hinter einer Leinwand* so verteilt sein, dass die jeweilige Klangquelle so positioniert ist, dass man sie auch mit geschlossenen Augen auf dem Bildschirm – oder auf der Leinwand – genau anpeilen kann.

Dpi (Dots per inch)

Diese Abkürzung *(Bildpunkte pro Zoll)* wird vor allem als Maßeinheit für die Auflösung von digitalen Bildern in der Fotografie verwendet (1 Zoll = 2,45 cm).

DTS (Digital theater systems)

Das DTS bildet als „Heimkino-Verfahren" eine Alternative zu dem Dolby-Digital-System. Es hat bis zu sieben Tonkanäle und ist auch vom Prinzip her etwas aufwendiger als das **Dolby Digital**. Auch dieses System manifestiert sich jedoch in Kombination mit kleinen Bildschirmen nur als ein interessanter Gag, der vor allem bei lärmenden und krachenden Ereignissen (Tornados, Kriege, schwere Kämpfe) eindrucksvoll sein kann (siehe hierzu auch die Erläuterung zu **„Dolby Digital"**).

DVB (Digital video broadcasting)

Ein ausgetüfteltes *System für die Übertragung von Bild und Ton in digitaler Form*, nach dessen Kriterien in weiten Teilen der Welt das Digitalfernsehen konzipiert ist. **DVB-S** bezieht sich auf den Satelliten-Empfang, **DVB-C** auf das Kabelfernsehen, **DVB-T** auf das terrestrisch ausgestrahlte Fernsehen, das im Sendebereich mit kleinen Antennen empfangen werden kann, **DVB-H** steht für den Fernsehempfang übers Handy.

DVD (Digital versatile disc)

DVDs sind runde Disketten, die für das Aufnehmen und Wiedergeben von Bild und Ton (bzw. *nur* von „Ton" als Musik) ausgelegt sind. Sie stellen einen moderneren Nachfolger der Musik- und Video-Kassetten dar und benötigen spezielle DVD-Rekorder oder DVD-Abspielgeräte.

DVI-D- und DVI-I-Anschlüsse

Beide Anschlüsse sind für eine selbstständige (vom Ton unabhängige) Video-Übertragung vorgesehen, über die nur das Bild z. B. zu dem DVI-Anschluss eines Fernsehers oder eines Videoprojektors zugeführt werden kann (der Ton wird über eine andere Verbindung geleitet). Ein **DVI-D-Anschluss** ist *nur* für die Übertragung *digitaler* Videosignale ausgelegt. Ein **DVI-I-Anschluss** eignet sich sowohl für die Übertragung von *analogen als auch von digitalen* Videosignalen.

EPG (Electronic Program Guide)

Ist ein elektronischer Programmführer (ein elektronisches Programmverzeichnis) mit eventuellen zusätzlichen Informationen, die wir auf dem Fernseher abrufen können.

Fernsehnorm

Laut der in Deutschland angewendeten **PAL** (Phase alternation line) arbeitet hier das Fernsehen mit einer Auflösung von 720 x 576 Bildpunkten (Pixel) und 50 Halbbildern pro Sekunde (Interlacing). Frankreich wendet das **Secam-Format** mit einer Auflösung von ebenfalls 720 x 576 Bildpunkten und 50 Halbbildern pro Sekunde an. Die USA wendet das **NTSC-Format** an, das eine etwas niedrigere Auflösung von nur 720 x 480 Bildpunkten bei 60 Halbbildern pro Sekunde hat.

Festplatte

Nachdem sich Festplatten bei den Computern bewährt haben, werden sie zunehmend als Speicher-Medien in Audio-Videogeräten genutzt. Auch viele der moderneren Receiver verfügen über eine interne Festplatte zum Aufnehmen von Fernsehprogrammen. Von der

4 Fachbegriffe und Abkürzungen

Speicherkapazität der Festplatte hängt z. B. die Anzahl der Fernsehsendungen ab, die auf diesen „Datenspeicher" aufgenommen werden können (auf eine 200-Gigabyte-Festplatte können etwa bis zu 40 Kinofilme in optimaler Qualität gespeichert werden).

Flachbildschirme, Flachbild-TVs

Als Flachbildschirme werden zwar im Allgemeinen LCD- und Plasma-Bildschirme bezeichnet, aber auch bei Röhren-Fernsehern wird die Bezeichnung „Flachbildschirm" angewendet, wenn die Frontseite der gläsernen Bildröhre nicht gewölbt, sondern flach „wie ein Brett" ist.

Frequenz

In der Akustik, Elektrotechnik und Fernsehtechnik bezieht sich die Bezeichnung *Frequenz* auf Schwingungen, die pro Sekunde eine vibrierende bzw. oszillierende Quelle erzeugen oder eine elektronische Schaltung als schwingende Signale verarbeiten. Die Maßeinheit der Frequenz ist ein Hertz (Hz), also eine Schwingung pro Sekunde. Unsere Ohren nehmen als *Laute* Luftschwingungen wahr, die zwischen ca. 16 Hertz und ca. 20.000 Hertz liegen. Das Wechselspannungs-Netz hat eine Frequenz von 50 Hz, die Taktfrequenz moderner PCs liegt gegenwärtig überhalb von 3.000.000.000 Hertz (3 Gigahertz, abgekürzt 3 GHz), das digitale Fernsehen arbeitet im „High-band" im Frequenzbereich zwischen 11,7 und 12,75 Gigahertz (GHz).

Full-HD

Als Full-HD (voll hochauflösend) werden Fernseher und andere Audio-Video-Geräte bezeichnet, die über eine Auflösung von 1920 x 1080 Bildpunkten verfügen.

FTA (Free to Air)

Wird ein Receiver als FTA-Receiver bezeichnet, ist er ausschließlich für den Empfang von unverschlüsselten Programmen geeignet und verfügt über keinen Schacht für zusätzliche Steckkarten, die für den Empfang von „Pay-TV" (kostenpflichtigen Programmen) erforderlich sind.

Graustufen-Linearität

Der Begriff *Graustufen-Linearität* stellt eines der Qualitätsmerkmale bei der Bildbearbeitung dar, das sich darauf bezieht, wie perfekt bei einem Schwarzweiß-Bild die Abstufung von Weiß über Grau bis zu Schwarz verläuft. Sie wird vor allem bei der Entwicklung von LCD- und Plasma-Fernsehern genauestens messtechnisch erfasst und ausgewertet. Was darunter konkret zu verstehen ist, zeigt in vereinfachter Form unsere Abbildung.

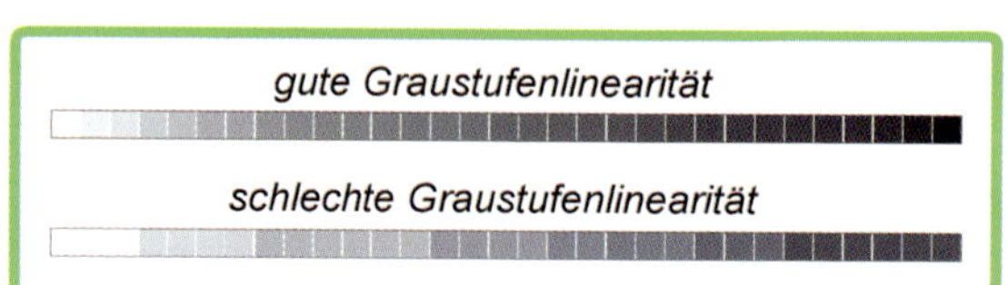

HD-DVD (High definition digital versatile disc)

Unter HD-DVD versteht man eine hochauflösende Version des herkömmlichen DVD-Verfahrens. Falls die Entwicklung nicht einen anderen Kurs nimmt, wird das HD-DVD die gegenwärtigen DVD-Systeme ablösen. Die HD-DVDs sollen im Vergleich zu den normalen DVDs etwa die dreifache Datenmenge speichern und somit hochauflösende Videos in erheblich besserer Bildqualität an passende („HD-ready"- oder „Full-HD"-) Fernseher oder an Heimkino-Projektoren liefern können.

HD ready

Mit diesen Logos werden Fernsehgeräte und TV-Projektoren bezeichnet, die für das hochauflösende digitale Fernsehen „vorbereitet" sind. Diese Geräte können auch die herkömmlichen digitalen und analogen Fernsehprogramme empfangen (siehe hierzu auch „**HDTV**").

HDMI (High definition multimedia interface)

Ist ein Geräte-Anschluss, der für digitale Audio-/Video-Verbindungen (z. B. zwischen Receiver und Fernseher) ausgelegt ist. Verbindungen, die über diesen Anschluss stattfinden, bieten eine bessere Bild- und Tonübertragung als die herkömmlichen Scart-Kabel.

HDTV (High definition television)

HDTV steht als eine etablierte Abkürzung für das hochauflösende Fernsehen mit einem Bildformat von 16:9. In der momentan höchsten Auflösung setzt sich das Bild aus 1920 x 1080 Bildpunkten (Pixel) zusammen und wird im sogenannten „1080**i**-Modus" (**i**nterlaced Modus) ausgestrahlt. Alternativ wird HDTV in einer „abgespeckten" Version mit nur 1280 x 720 Bildpunkten (Pixel) in einem „720**p**-Modus (**p**rogressive scan) gesendet.

HDV (High definition video)

Schon die Bezeichnung HDV zeigt, dass eine Video-Aufzeichnung in HD-Format aufgenommen wurde oder dass ein Videogerät für das hochauflösende Format ausgelegt ist.

Hertz (Hz)

Hertz ist eine Maßeinheit für Schwingungen und Frequenzen pro Sekunde. 1 Hz = 1 Schwingung pro Sekunde; 1 kHz (1 Kilohertz) = 1.000 Schwingungen pro Sekunde usw. Eine Schwingung kann – je nach der Art ihres Verlaufs – in reinster Grundform sinusförmigen Verlauf aufweisen oder sie kann in grafischer Darstellung eine Mischung von mehreren Frequenzen bilden, aus denen sich ein Ton zusammensetzt.

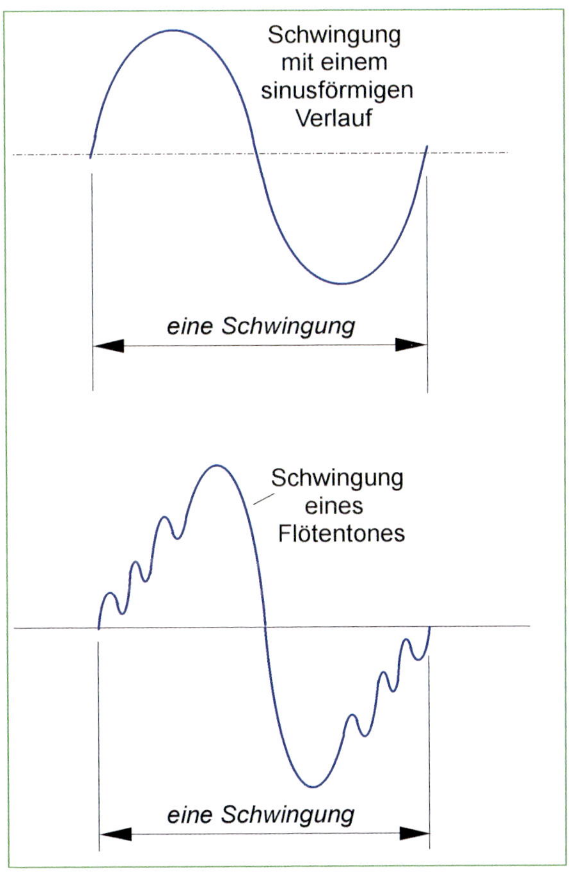

HF-Modulator (Hochfrequenz-Modulator)

Möchte man an einen älteren Fernseher, der über keinen Scart-Anschluss verfügt, einen Rekorder oder eine Videokamera anschließen, kann dies über einen zusätzlichen (kleinen) *HF-Modulator* gemacht werden, der in den Antenneneingang des Fernsehers eingesteckt wird.

Der auf der nächsten Seite abgebildete Modulator, der auch als ein preiswerter Elektronik-Baustein erhältlich ist, wandelt die Audio-/Video-Signale in „Antennensignale" um, mit denen auch ein altes Fernsehgerät zurecht kommt und somit sein „come back" z. B. als Monitor für die

Kinderüberwachung oder als Abspielgerät feiern kann.

Impedanz

Impedanz ist ein Widerstand, dessen Größe mit der Frequenz variiert. Bei einem Anschluss von externen Lautsprechern an einen Verstärker (Fernseher-Verstärker) ist darauf zu achten, dass diese die erforderliche (und in der Bedienungsanleitung des Verstärkers angegebene) Impedanz in Ohm (Ω) einhalten. Die meisten Lautsprecherboxen sind für eine Impedanz von 4 oder 8 Ohm (4 Ω oder 8 Ω) ausgelegt. Auch bei den Sat-Antennen-Koaxialkabeln wird der Begriff *Impedanz* verwendet: Sie müssen eine Impedanz von 75 Ohm haben – was allerdings bei allen TV-Antennen-Koaxialkabeln der gängige Standard ist.

Klirrfaktor

Der *Klirrfaktor* gibt bei Audio-Signalen die Verzerrung an, die bei einer Tonwiedergabe zwischen dem originalen Eingangs-Klang und den elektrisch verstärkten Ausgangs-Klang entsteht. Aber Vorsicht: Bei Verstärkern bezieht sich der Klirrfaktor *nur* auf den eigentlichen Verstärker und nicht auf die angeschlossenen Lautsprecherboxen, deren Klirrfaktor oft bis zu 500mal schlechter ist als der Klirrfaktor eines guten Verstärkers. Zudem stellt der Klirrfaktor keine Konstante dar, sondern verschlechtert sich bei einem Verstärker mit zunehmender Lautstärke.

Koaxialkabel

Ein Koaxialkabel besteht aus einem isolierten Kernleiter und einer – meist geflochtenen – metallischen Ummantelung aus feinen, verzinnten Kupferdrähtchen, die den Kernleiter gegen Störungen von außen schützend umhüllt. Abhängig von der Preisklasse ist der Kernleiter bei manchen Koaxialkabeln versilbert und die Ummantelung kann aus bis zu vier abschirmenden Schichten bestehen, von denen einige als Geflecht, andere als umwickelte Alu-Folien ausgeführt sind:

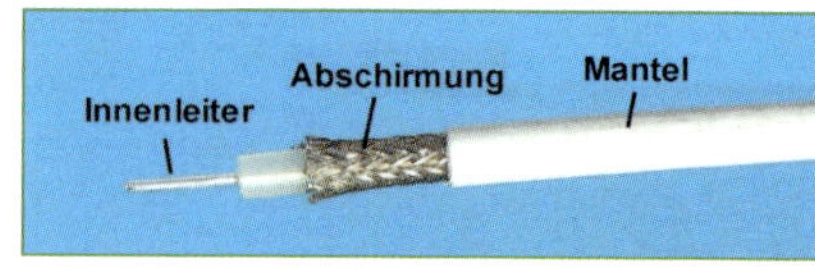

Komprimieren

Die Datenmenge der auf einem Datenträger gespeicherten Video- oder Musikaufnahmen kann mit verschiedenen Komprimierungs-Verfahren (darunter z. B. *DivX, MPEG-1, MPEG-2* und *MPEG-4* für Video und *MP3, Ogg Vorbis* und *WMA* für Audio) platzsparend reduziert werden. So wird z. B. bei Videoaufnahmen der unbewegliche Hintergrund nicht mit jeder der Bewegungen im Vordergrund laufend gespeichert, sondern nur dann gleichzeitig aufgenommen, wenn er sich mitbewegt oder verändert.

Kontrast, Kontrastverhältnis

Dieser Wert, der bei LCD- und Plasma-Fernsehern in Form von z. B. 1000:1 oder 10.000:1 angegeben wird, bezieht sich auf das Verhältnis zwischen den hellsten weißen und dunkelsten schwarzen Bildpunkten. Der Unterschied ist objektiv messtechnisch ermittelbar. Ein hohes Kontrastverhältnis trägt zu der Perfektion der Bildqualität bei: Die Bilder sind „gestochen scharf", kontrastreich und auch bei Tageslicht gut wahrnehmbar. Als technischer Parameter stellt das Kontrastverhältnis dennoch nur eine Vorbedingung für gute Wiedergabe dar, denn bei einem Farbbildschirm sind für die Qualität der Bildwiedergabe noch sehr viele andere Faktoren mitbestimmend, die nicht immer messbar oder mit Hilfe von technischen Daten definierbar sind.

LCD (Liquid crystal display)

Dieses System hat sich momentan als die vorteilhafteste Möglichkeit für die Herstellung von Bildschirmen aller Art durchgesetzt, könnte jedoch in naher Zukunft durch das vorteilhaftere „OLCD" überholt werden.

LCoS (Liquid crystal on silicon)

Die LCoS stellen eine neue Art von bilderzeugenden Chips dar, die sich vor allem für Videoprojektoren eignen, da auf einen ca. 1 cm² großen Chip mehr als 2 Millionen Pixel passen.

LNB (Low-noiseblockconverter)

Der LNB ist ein kleiner Empfangskopf, der auf einen Arm vor jedem Sat-Spiegel im Brennpunkt montiert ist und von dem die empfangenen Signale über ein Antennen-Koaxialkabel in den Receiver geleitet werden. Er wird vom Receiver „programmgerecht" gesteuert und bildet mit ihm den eigentlichen Empfangsteil (siehe hierzu auch das Kapitel „LNB").

Multischalter

Ein Multischalter ist ein kleines elektronisches Gerät, das die Signale von einem LNB zu einer fast beliebig großen Anzahl Teilnehmer (Receiver) verteilen kann – siehe auch „DiSEqC" und Abbildung unten.

OLCD (Organic liquid crystal display)

Bei dieser neuen Technologie handelt es sich um organische LCD-Systeme, die höchstwahrscheinlich in naher Zukunft für die Herstellung von u. a. hochauflösenden Bildschirmen verwendet wird und als ein qualitativ hochwertigerer Nachfolger der LCD-Bildschirme betrachtet werden dürfte.

PAL

Das deutsche herkömmliche digitale Fernsehen wendet die PAL-Norm an, bei der das relativ grobkörnige Bild nur aus 720 x 576 Bildpunkten (Pixel) besteht – was eine Auflösung von bescheidenen 414.270 Pixeln erzielt (720 x 576 = 414.270). Pro Sekunde werden 50 Halbbilder übertragen. Jedes der Halbbilder setzt sich nur aus 720 x 288 Zeilen zusammen. 50 mal pro Sekunde wechseln sich die ungeradzahligen Zeilen (Zeilen 1, 3, 5, 7 usw. bis 287) mit den gradzahligen Zeilen (Zeilen 2, 4, 6, 8 bis 288) ab.

Pay-TV

Als Pay-TV werden verschlüsselte Fernsehprogramme bezeichnet, die nur abonnierte Teilnehmer empfangen können. Um diese Sender über den Satelliten zu empfangen, braucht man ein Abonnement, die

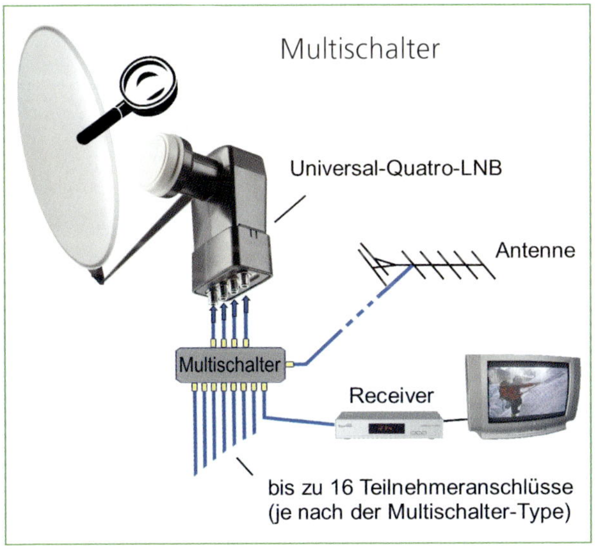

4 Fachbegriffe und Abkürzungen

Abo-Karte, ein passendes Entschlüsselungsmodul und den dafür benötigten Steckplatz (CI-Steckplatz) im Sat-Receiver bzw. im „HD-Sat-Receiver", der auch als „Set-Top-Box" bezeichnet wird. Einige der Set-Top-Boxen verfügen über zwei oder mehrere „Schächte" (Steckplätze) für mehrere Entschlüsselungsmodule diverser Anbieter.

Pixel – siehe Auflösung

Plasma-Bildschirme

Die einzelnen Bildpunkte der Plasma-Bildschirme bilden winzige, mit Gas gefüllte Zellen, die mittels elektrischer Impulse zum Leuchten gebracht werden. Im Vergleich zu LCD-Bildschirmen haben Plasma-Bildschirme ein höheres Kontrastverhältnis, wodurch sie sich für Anwendungen bei Tageslicht besser eignen. Sie haben jedoch im Durchschnitt einen höheren Stromverbrauch als LCD-Bildschirme.

Quad-LNB

Ein Quad-LNB besteht aus vier selbstständigen LNBs, die in einem gemeinsamen Gehäuse untergebracht sind.

Quatro-LNB

Quatro-LNBs sind spezielle LNBs, die nur mit einem zusätzlichen Umschalter (z. B. mit einem *Multischalter*) installiert werden können, da sie – im Gegensatz zu den Single-, Twin- oder Quad-LNBs – nicht automatisch vom Receiver gesteuert werden können.

Rauschmaß

Das *Rauschmaß* ist ein technischer Parameter, der z. B. für die Qualität eines LNBs wichtig ist. Je niedriger das Rauschmaß ist, desto niedriger ist die Verzerrung der Bild- und Tonwiedergabe. Bei sehr guten LNBs liegt das Rauschmaß gegenwärtig bei ***0,2 dB***, bei guten Standard-LNBs beträgt es ***0,3 dB***.

RGB-Anschluss

Ein RGB-Anschluss überträgt die drei Farben der Bildsignale *rot*, *grün* und *blau*, aus denen sich Bilder zusammensetzen, getrennt über drei separate, abgeschirmte Kabel. Die einzelnen Farbsignale können sich bei dieser Art der Übertragung nicht gegenseitig stören. Das erhöht vor allem bei längeren Verbindungen erheblich die Bildqualität.

Set-Top-Box

Unter der Bezeichnung *Set-Top-Box* werden Digital-Receiver bezeichnet, die für das hochauflösende Fernsehen (für das „echte" HDTV) vorgesehen sind. Viele der herkömmlichen Digital-Receiver mit einer niedrigen Auflösung werden jedoch von einigen Anbietern ebenfalls als *Set-Top-Boxen* bezeichnet.

Smartcard

Smartcards sind Karten, die zum Freischalten von verschlüsselten Sendern (meist HDTV-Sendern) in die CI-Schächte der Receiver eingesteckt werden.

Subwoofer

Als *Subwoofer* werden Lautsprecher bezeichnet, die nur für die Wiedergabe von ganz tiefen Tönen ausgelegt sind. Theoretisch sollte ein guter *Subwoofer* lückenfüllend die tiefsten musikalischen Töne wiedergeben können, die z. B. der Rest des Lautsprechersystems nicht mehr bewältigt. Das sind vor allem Töne unterhalb von ca. 150 bis 200 Hz. Die meisten der kleinen Fernseher-Lautsprecher können solche tiefe Frequenzen (Töne) entweder überhaupt nicht oder nur flüsternd wiedergeben. Hier müsste ein guter *Subwoofer* im Idealfall den restlichen unteren Bereich des *hörbaren* Klangspektrums bis zu 16 Hz herab in ausgewogener Lautstärke wiedergeben können. Viele *Subwoofer* erfüllen diesen Anspruch nur dürftig bis lausig. Sie erzeugen zwar subjektiv eindrucksvolle Bässe, aber nur in höheren Tonbereichen, die z. B. zwischen ca. 60 Hz und 200 Hz liegen. Manche Fernsehgeräte verfügen über einen Anschluss (Cinch-Anschluss) für einen externen Subwoofer:

Unicable (Digitales Einkabel-Antennensystem)

Bei dem *Unicable-Antennensystem* werden alle Fernseh- und Radioprogramme, die ein Sat-Spiegel mit seinem LNB empfängt, nur über eine einzige Koaxialkabel-Leitung an eine große Anzahl Teilnehmer verteilt (siehe hierzu Kapitel *„Sat-Anlagen mit Einkabel-Systemen"*).

VBR (variable Bitrate)

Viele Festplatten und DVD-Rekorder bieten die „VBR"-Funktion als eine Lösung an, die viel Speicherplatz spart. Filmaufnahmen mit wenig Bewegung (mit wenig Bildwechsel) werden mit einer niedrigeren Datenrate gespeichert und nur für Aufnahmen von schnellen Bewegungen werden höhere Datenraten „geopfert". Das System passt sich dabei laufend dem jeweiligen Bildwechsel an und speichert die aufeinander folgenden Szenen mit unterschiedlich hohen Datenraten.

VCR (Video color recorder)

VCR ist eine gängige Bezeichnung für einen herkömmlichen Rekorder (VHS-Rekorder).

Verstärker-Endstufe

Als Endstufe wird bei Audiogeräten die letzte Stufe ihres Verstärkers bezeichnet, die für den Anschluss von Lautsprechern (bzw. Lautsprecherboxen) vorgesehen ist. Sie bestimmt die Leistung eines Verstärkers (die in Watt angegeben wird). Ein Stereo-Verstärker verfügt über zwei Endstufen, die sich die Klangwiedergabe teilen.

VGA-Videoanschluss

Wenn ein Fernseher oder ein Videoprojektor über einen VGA-Videoanschluss verfügt, können über ihn z. B. Fotos oder beliebige andere Bildsignale vom PC sowie auch vom Receiver oder Rekorder übertragen werden – vorausgesetzt, die Geräte verfügen ebenfalls über diesen Anschluss:

VGA-Anschluss

YUV-Anschluss („Component-Video-Anschluss")

Der *YUV-Anschluss* hat viel Ähnlichkeit mit dem RGB-Anschluss, unterscheidet sich von ihm jedoch durch eine andere Belegung der Cinch-Buchsen: Auf einer der Leitungen werden separat Helligkeitsinformationen und auf den anderen zwei Leitungen Farbinformationen übertragen. Insofern ein Rekorder oder Receiver über diesen speziellen „COMPONENT-VIDEO-OUT"-Anschluss verfügt, können über ihn an einen Fernseher, der ebenfalls über einen vergleichbaren Anschluss (COMPONENT-VIDEO-IN) verfügt, Bildsignale in einer besseren Bildqualität als über einen Scart-Anschluss übertragen werden.

Gefällt Ihnen dieses Buch? Vielleicht sind Sie noch an weiteren Themen interessiert, die von **Bo Hanus** verfasst und vom **Franzis Verlag** herausgegeben wurden? Hier die Übersicht der aktuellen Titel:

- Haushaltselektronik selbst reparieren *(128 Seiten)*
- Der leichte Einstieg in die Elektronik *(363 S.)*
- So steigen Sie erfolgreich in die Elektronik ein *(97 S.)*
- Das große Anwenderbuch der Elektronik *(351 S.)*
- Drahtlos schalten, steuern und übertragen in Haus und Garten *(234 S.)*
- Drahtlos überwachen mit Mini-Videokameras *(205 S.)*
- Experimente mit superhellen Leuchtdioden *(153 S.)*
- Praktische Solaranwendungen mit Leuchtdioden *(128 S.)*
- Wie nutze ich Solar- & Windenergie in der Freizeit und im Hobby? *(128 S.)*
- Wie nutze ich Solarenergie in Haus und Garten? *(128 S.)*
- Solar-Dachanlagen selbst planen und installieren *(128 S.)*
- Solaranlagen richtig planen, installieren und nutzen *(300 S.)*
- Der leichte Einstieg in die Elektrotechnik *(219 S.)*
- Der leichte Einstieg in die Mechatronik *(268 S.)*
- Elektrische Haushaltsgeräte selbst reparieren *(128 S.)*
- Haushaltselektrik selbst installieren und reparieren *(128 S.)*
- Öl- und Gasheizung selbst warten und reparieren *(128 S.)*
- Sanitäranlagen selbst reparieren *(128 S.)*
- Schalten, Steuern und Überwachen mit dem Handy *(97 S.)*
- Elektroinstallationen in Haus und Garten - echt leicht! *(97 S.)*
- Solarstromnutzung beim Campen, im Caravan, Wohnmobil und Boot *(97 S.)*
- Spaß & Spiel mit der Solartechnik *(112 S.)*
- Das große Anwenderbuch der Solartechnik *(367 S.)*
- Wie nutze ich Windenergie in Haus und Garten? *(97 S.)*
- Das große Anwenderbuch der Windgeneratoren-Technik *(319 S.)*
- Spaß & Spiel mit der Elektronik *(120 S.)*
- Erfolgreicher Service elektronischer Musikinstrumente *(343 S.)*
- Selbstbau-Roboter für Alarm- & Sicherheitsaufgaben *(172 S.)*
- Hausversorgung mit alternativen Energien *(128 S.)*
- Wie Sie in 3 Jahren 3000 Euro Strom und Heizkosten sparen *(128 S.)*
- Kampfspiel-Roboter im Selbstbau - Robot WARS *(97 S.)*

Bemerkung: Einige der hier aufgeführten Bücher sind möglicherweise inzwischen im Buchhandel „vergriffen", stehen aber in Städtischen Büchereien als Leihbücher zur Verfügung bzw. werden da für den Interessenten besorgt.

Bezugsquellen der Fotos:

a) Abb. 9, 19, 21, 23, 25-30, 44, 47, 64, 67, 78, 80, 84, 90 Conrad Electronic

b) Abb. 90 Versandhaus Quelle

Buchthemenbezogene Waren-Anbieter – auch für Katalogbestellung:

Conrad Electronic, Klaus-Conrad-Straße 1, D-92240 Hirschau
Telefon 0180/53 21 11, Fax 0180/53 12 10, Internet: www.conrad.de

ELV, Telefon 0491/60 08 88, Fax 0491/70 16, Internet: www.elv.de

Westfalia, Werkzeugstraße 1, 58082 Hagen
Telefon 0180/53 03 132, Fax 0189/53 03 130, Internet: www.westfalia.de

Weitere Waren-Anbieter: Fach- und Versandhandel, Baumärkte und Kaufhäuser.

Stichwortverzeichnis

Stichwortverzeichnis